The Little Book of Flowers

小さな草花の本

編集／草花さんぽの会

はじめに

毎日通る道路脇に咲いている、「雑草」とひとくくりで呼ばれる草花の一つ一つに名前があり、個性もあります。美しく優雅な花、可憐な花、ちょっと不気味な花。そんな花たちを広く知ってほしいという願いから私たちは本書を創りました。

本書では、街中での散歩でよく見かける草花を中心に約150種類、紹介しています。おうちでパラパラとめくって花の写真を見ながら名前の由来や花言葉から想像を膨らませたり、本を持ち出して、花や葉等の情報を実際の花の観察に役立てたり、手元に置いていろいろな形で楽しんでいただければ幸いです。

草花だけでなく、行事や旬の食べ物からも日本の美しい四季を感じていただけるように、旧暦で季節を分けて時候の変化を表す二十四節気七十二候のストーリーも掲載しています。

本書で紹介する草花たちが皆さまの暮らしに彩りを添えることを願っております。

二〇二一年一〇月

草花さんぽの会

目次

第2章　初夏の花　92

第3章　夏の花

第5章　冬の花　214

本書の見方

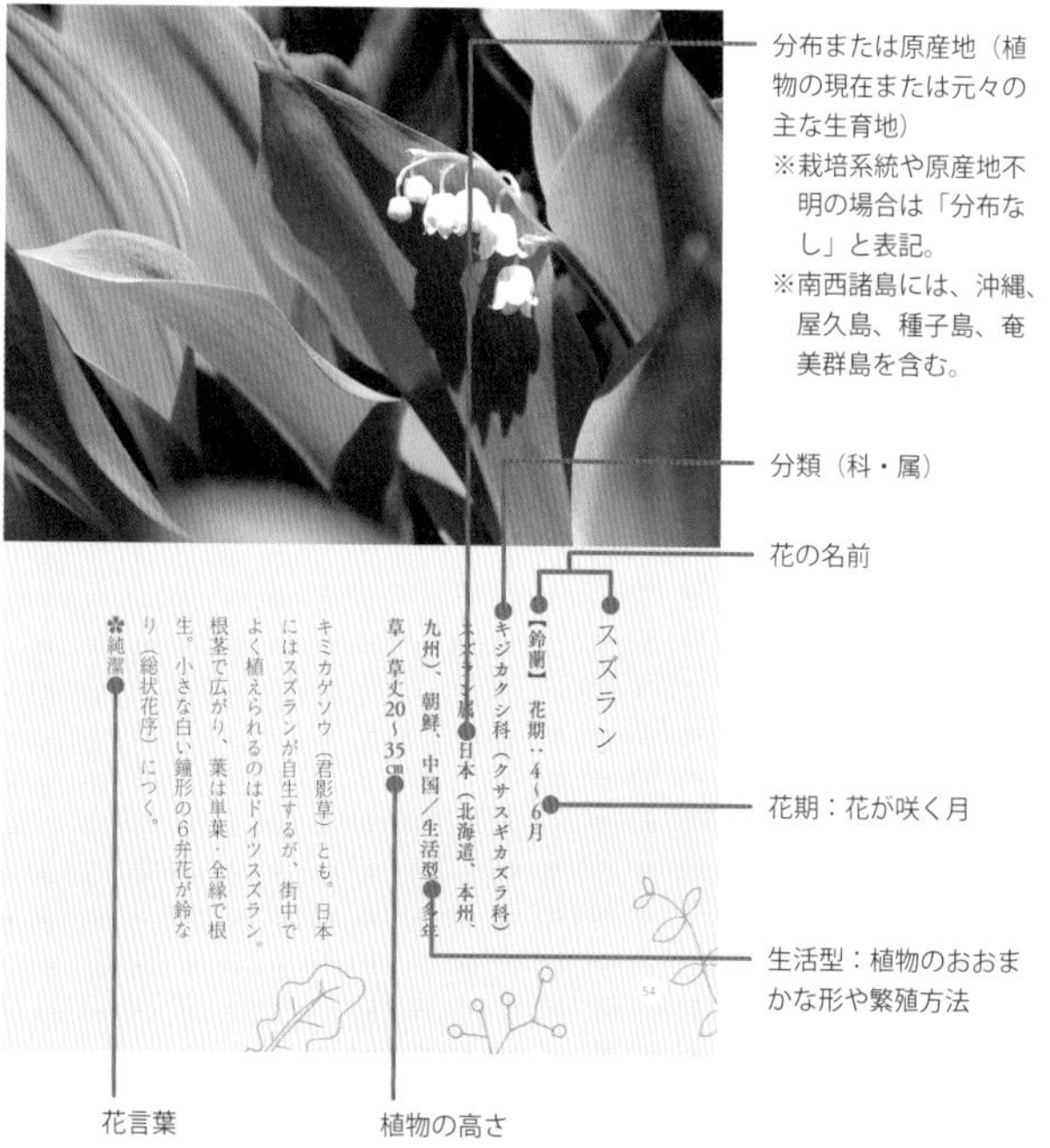
分布または原産地（植物の現在または元々の主な生育地）
※栽培系統や原産地不明の場合は「分布なし」と表記。
※南西諸島には、沖縄、屋久島、種子島、奄美群島を含む。
分類（科・属）
花の名前
花期：花が咲く月
生活型：植物のおおまかな形や繁殖方法
花言葉
植物の高さ
スズラン
【鈴蘭】　花期：4～6月
キジカクシ科（クサスギカズラ科）
日本（北海道、本州、九州）、朝鮮、中国／生活型
草／草丈20～35cm
キミカゲソウ（君影草）とも。日本にはスズランが自生するが、街中でよく植えられるのはドイツスズラン。根茎で広がり、葉は単葉・全縁で根生。小さな白い鐘形の6弁花が鈴なり（総状花序）につく。
純潔
54

※基本情報は、「EVERGREEN 植物図鑑」（https://love-evergreen.com/zukan）のデータを参考にしています。花の名前は、主なもののみ掲載しています。
※花言葉には諸説あるため、他書と異なる場合もあります。

自然の神秘を感じる
葉の形、葉と花のつき方

いつも通る道や公園等に咲く草花はどのタイプ？　知ると散歩中の花の観察がいっそう楽しいものに。

葉の形

葉全体が切れ込みなく１枚につながっている「単葉」と、２つ以上の小葉に分裂している「複葉」に大きく分けられる。

単葉（不分裂葉）

葉が１つで切れ込みなし。

分裂葉（ぶんれつよう）

葉は1つで切れ込みあり。

3出複葉（さんしゅつふくよう）

葉柄に小葉が先端に１枚と左右に１枚つく（１回３出複葉)。各小葉が１回分岐して３枚ずつ、合計９枚の小葉をつけたものを２回３出複葉という。

掌状複葉（しょうじょうふくよう）

葉柄に複数の小葉が放射状につく。

偶数羽状複葉

（ぐうすううじょうふくよう）

葉軸に偶数枚の小葉がつく。

奇数羽状複葉

（きすううじょうふくよう）

葉軸に奇数枚の小葉がつく。

針状葉（しんじょうよう）

針状に細く、先端が尖る。

鱗状葉（りんじょうよう）

枝にうろこ状の葉が密着してつく。

線形

細長く厚みはなく先端が尖る。

※その他、上記にない特殊な形をしているものもあります。

葉の縁の形

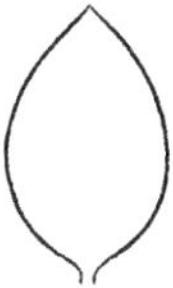

全縁

縁に切れ込みなし。

波状

浅い切れ込みがあり波形。内側に湾曲。

鋸歯（きょし）

縁に切れ込みがありギザギザ。

重鋸歯（じゅうきょし）

縁がギザギザで、切れ込みの一つ一つにさらに細かい切れ込みあり。

歯牙（しが）

鋸歯の先端が葉先に向かず外に向く。

欠刻（けっこく）

ギザギザの一部が極端に深い。

刺状（しじょう）

棘状に尖る。

葉のつき方

対生（たいせい）

茎をセンターに左右
対称につく。

亜対生

茎をセンターにほぼ同じ位置だがややず
れて左右対称につく。

互生（ごせい）

互い違いにつく。

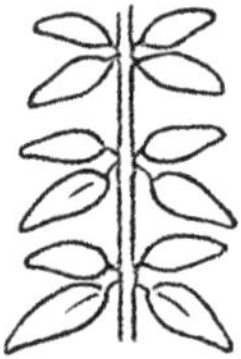

輪生（りんせい）

３枚以上の葉が茎の一節に、茎を
取り囲むようにつく。

束生（そくせい）

節がとても短い枝の先に３枚
以上の葉が束になってつく。

根生（こんせい）

地表に葉がつくように根元に集まってつく。

花のつき方

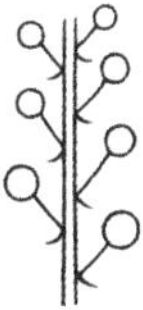

総状花序
（そうじょうかじょ）

花序の長い軸に柄のある花がつく。偽総状花序では、花序の軸からさらに枝が出て、柄のついた花が複数つく。

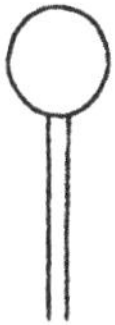

単生（たんせい）

花茎に１つの花がつく。

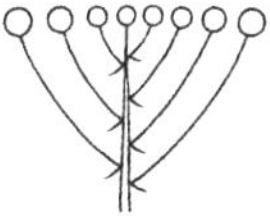

散房花序（さんぼうかじょ）

下部の花軸が長くなり、花序の軸に柄のある花がほぼ一平面に並ぶようにつく。

穂状花序（すいじょうかじょ）

花序の長い軸に柄のない花がつく。

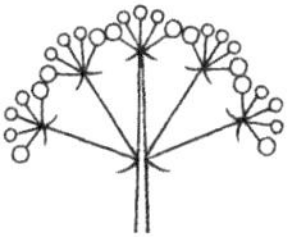

複散形花序（ふくさんけいかじょ）

散形花序が枝分かれした先に散形花序で花がつく。

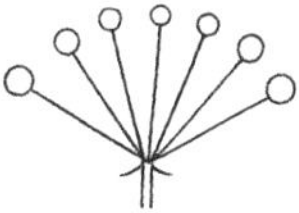

散形花序（さんけいかじょ）

花序の軸の１か所から柄が出て放射状に多数の花がつく。

岐散花序（きさんかじょ）
（二出集散花序）

花序の軸が３つに枝分かれし、左右の枝がさらに３つに分かれた先に花がつく。

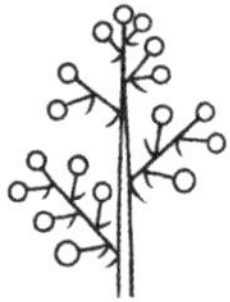

円錐花序（えんすいかじょ）

総状花序が枝分かれした先に総状花序がつく。上部の花序が小さいため、全体が円錐形に見える。

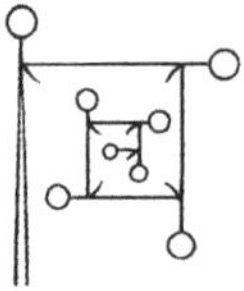

かたつむり型花序

花序の先端に花がつき、その後は下で同方向に直角、直角と花がついていく。立体的な渦巻きに。

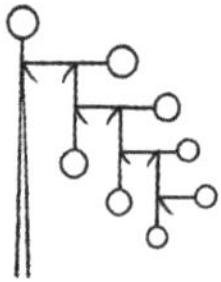

さそり型花序

花序の先端に花がつき、その後は下に左右の方向へと直角に花がついていく。

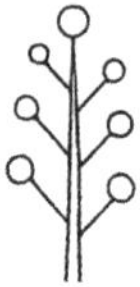

集散花序
（しゅうさんかじょ）

まず花序の先端の花が咲き、その後、下へと咲き進む。

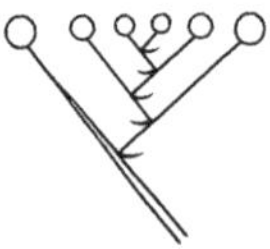

扇状花序（せんじょうかじょ）

左右に平面的に枝分かれして花がつく。

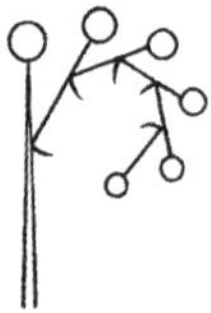

巻散花序（かんさんかじょ）

花序の先端に花がつき、その後は下で同方向に花がつく。平面的な渦巻きに。

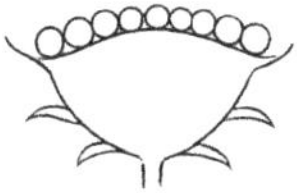

頭状花序（とうじょうかじょ）

花序の軸が茎先で広がり円盤状に複数の柄のない花が密集してつく。

尾状花序（びじょうかじょ）

穂状花序の一種。花序の軸に柄のない花がついて垂れ下がる。

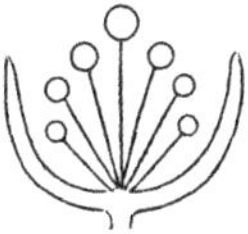

杯状花序

（はいじょうかじょ）

軸と苞が盃状に変形し、その中に柄のある複数の花がつく。

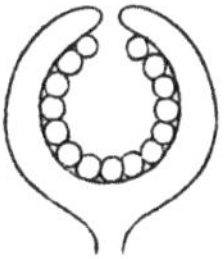

隠頭花序

（いんとうかじょ）

花序の軸の中央がへこみ、壺形になった内側に複数の花がつく。

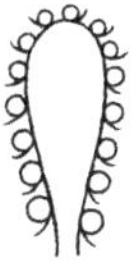

肉穂花序

（にくすいかじょ）

花序の軸に柄のない多数の花がつく。軸は肥厚して多肉質。

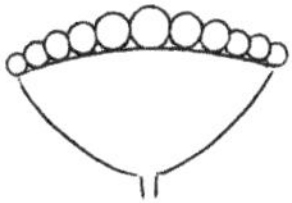

団散花序（だんさんかじょ）

短い軸に柄のない花が密集して塊状につく。集散花序の一種。

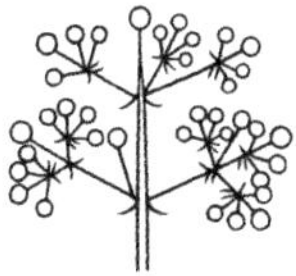

多出集散花序

（たしゅつしゅうさんかじょ）

花序の軸が数回、３つ以上に枝分かれした後、先に柄のある花がつく。

小穂（しょうすい）

イネ科植物などで見られる形で、
多数の花が重なるようにつく。

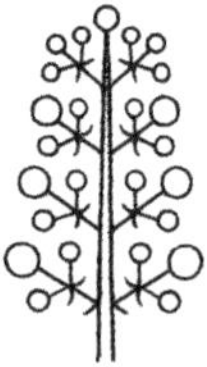

複集散花序
（ふくしゅうさんかじょ）

集散花序が枝分かれして先端に
花が集散花序につく。

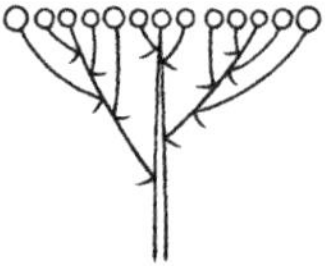

複散房花序（ふくさんぼうかじょ）

花序の軸が数回枝分かれしてほぼ一平面
に並ぶように花がつく。

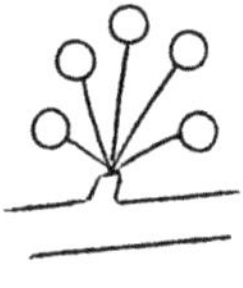

束生（そくせい）

節がかなり短い枝先に束に
なって花がつく。

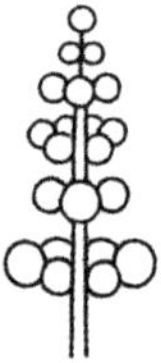

輪散花序（りんさんかじょ）

葉腋から柄が伸びない集散花序で、茎
を取り囲むように花が並んでつく。

花と葉の構造

花の構造

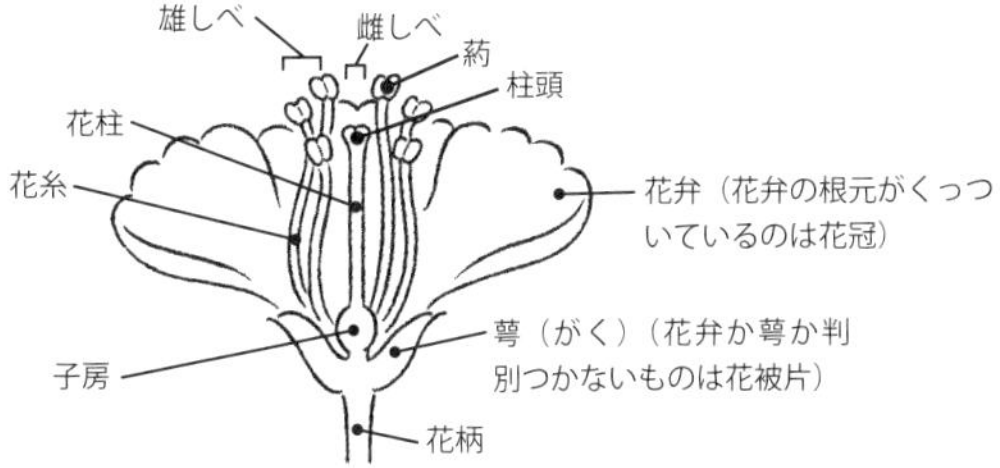
雄しべ
雌しべ
葯
柱頭
花柱
花糸
花弁（花弁の根元がくっついているのは花冠）
萼（がく）（花弁か萼か判別つかないものは花被片）
子房
花柄

葉の構造

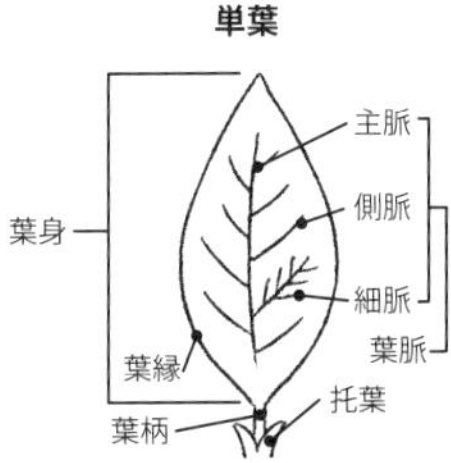
単葉
主脈
側脈
細脈
葉脈
葉身
葉縁
托葉
葉柄

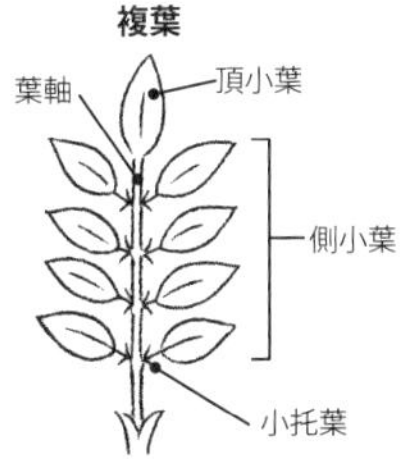
複葉
葉軸
頂小葉
側小葉
小托葉

花序（かじょ）　花の茎へのつき方と花をつけた茎全体の総称
総苞片（そうほうへん）　主にキク科植物の頭花の土台を包む萼（がく）のような部分
托葉（たくよう）　葉柄の付け根にある小さな葉のようなもの
葉柄（ようへい）　葉と茎をつないでいる細い茎状の部分
葉腋（ようえき）　茎と葉柄との接合部
葉軸（ようじく）　小葉と小葉とつなぐ部分

1 春の花

タチツボスミレ

【立坪菫】 花期：3～5月
スミレ科スミレ属　日本全域、千島、朝鮮、台湾、中国／生活型：多年草／草丈6～10cm

道端等でよく見られるポピュラーなスミレ。明るい雑木林やU字溝の隙間等で見かけることも。葉は単葉で縁には鋸歯があり根生・互生。紫色の花が茎先につく。唇弁中央に白地に濃い紫の筋があるのが特徴的。

✿誠実

ネモフィラ

花期：4〜5月
ムラサキ科ルリカラクサ属 北アメリカ西部／生活型：一年草／草丈10〜20㎝

日向を好み、公園等に植えられる。よく枝分かれして広がる。葉は分裂葉で互い違い（または左右対称）につく。花は茎先に1つつく。花冠は5裂した星形。花色は青、白、紫等がある。

✽成功に場所選ばず

カタクリ

【片栗】　花期：4～6月
ユリ科カタクリ属　日本（北海道～九州）、南千島、朝鮮、中国／生活型：多年草／草丈10～20㎝

カタカゴとも。落葉樹林に群生することが多い。葉は単葉で根生。紫・桃色の6弁花が茎先に1つつく。反り返った花被片が特徴的。鱗茎からは澱粉（カタクリ粉）がとれる。

✿嫉妬

ゲンゲ

【翹揺、紫雲英】花期：4〜6月
マメ科ゲンゲ属　中国／生活型：越年草／草丈10〜30㎝

田畑や野原、道端等で見られる。葉は奇数羽状複葉・全縁で互生。長さ1.2㎝程度の紫や桃色の蝶形の花で散形花序。別名のレンゲソウは、花の形をハス（蓮華）に見立てたことによるもの。

✿あなたの贈物は私を喜ばせます

イチリンソウ

【一輪草】 花期：4～5月
キンポウゲ科イチリンソウ属　日本（本州～九州）／生活型：多年草／草丈20～30㎝

イチゲソウとも。落葉広葉樹林や草原等で見られる。根生葉と茎葉があり、根生葉の縁は不統一なギザギザの切れ込みのある欠刻、茎葉は3出複葉で3枚ずつ輪生。花弁のような白いものは萼（がく）で5～6枚つく。花は茎先に1つつく。

✿追憶

ニリンソウ

【二輪草】　花期：4～5月
キンポウゲ科イチリンソウ属　日本（北海道～九州）、朝鮮、中国／生活型：多年草／草丈10～55cm

落葉広葉樹林等で見られる。根出葉は分裂葉で表面に白色の斑点があるが、茎葉には斑点はなく輪生。花弁のような楕円の白い萼（がく）がつく。花が通常、2個ずつ出て咲くのが名の由来。

✿友情

トキワイカリソウ

【常盤碇草】 花期：4〜5月
メギ科イカリソウ属　日本（本州の中部以西）／生活型：多年草／草丈20〜60㎝

日本海側の落葉樹林等に見られる。葉は卵形・2回3出複葉で縁には歯牙がある。花は4弁花で総状花序。花色は紅紫色が主で紫、桃色、白等。船の碇（いかり）似なのが名の由来。本州（近畿以北の太平洋側）では、イカリソウが自生。

✿あなたをとらえる

イカリソウ（上）
トキワイカリソウ（左）

ムラサキハナナ

【紫花菜】 花期：3～6月
アブラナ科ショカッサイ属 中国／
生活型：二年草／草丈10～60㎝

オオアラセイトウ、ショカッサイ（諸葛菜）とも。道端や堤防等で見られる。葉には単葉の根出葉と分裂葉の茎葉がある。茎上部の葉は裏がやや白く、縁には鋸歯があり互生。花は淡い紫色の4弁花で総状花序。上部で枝分かれした茎につく。江戸時代に渡来。

✿聡明

ハハコグサ

【母子草】 花期：4～6月
キク科ハハコグサ属　日本全域、東アジア～オーストラリア／生活型：越年草／草丈15～40㎝

ゴギョウ（御形）、オギョウ、ホウコグサとも。道端等で見られる。茎・葉は白い綿毛で覆われ、葉は単葉で互生。花は黄色で頭状花序。春の七草の一つで、薬用になる。

✿切実な思い

チチコグサ

【父子草】　花期：4～10月
キク科チチコグサ属　日本全域、朝鮮、中国、台湾／生活型：多年草／草丈5～20㎝

道端や芝生等で見られる。茎は綿毛で覆われる。根出葉の表面は光沢のある緑色で裏には綿毛がある。茎葉は線形。花は紅紫色で頭状花序。ハハコグサに比べて地味。

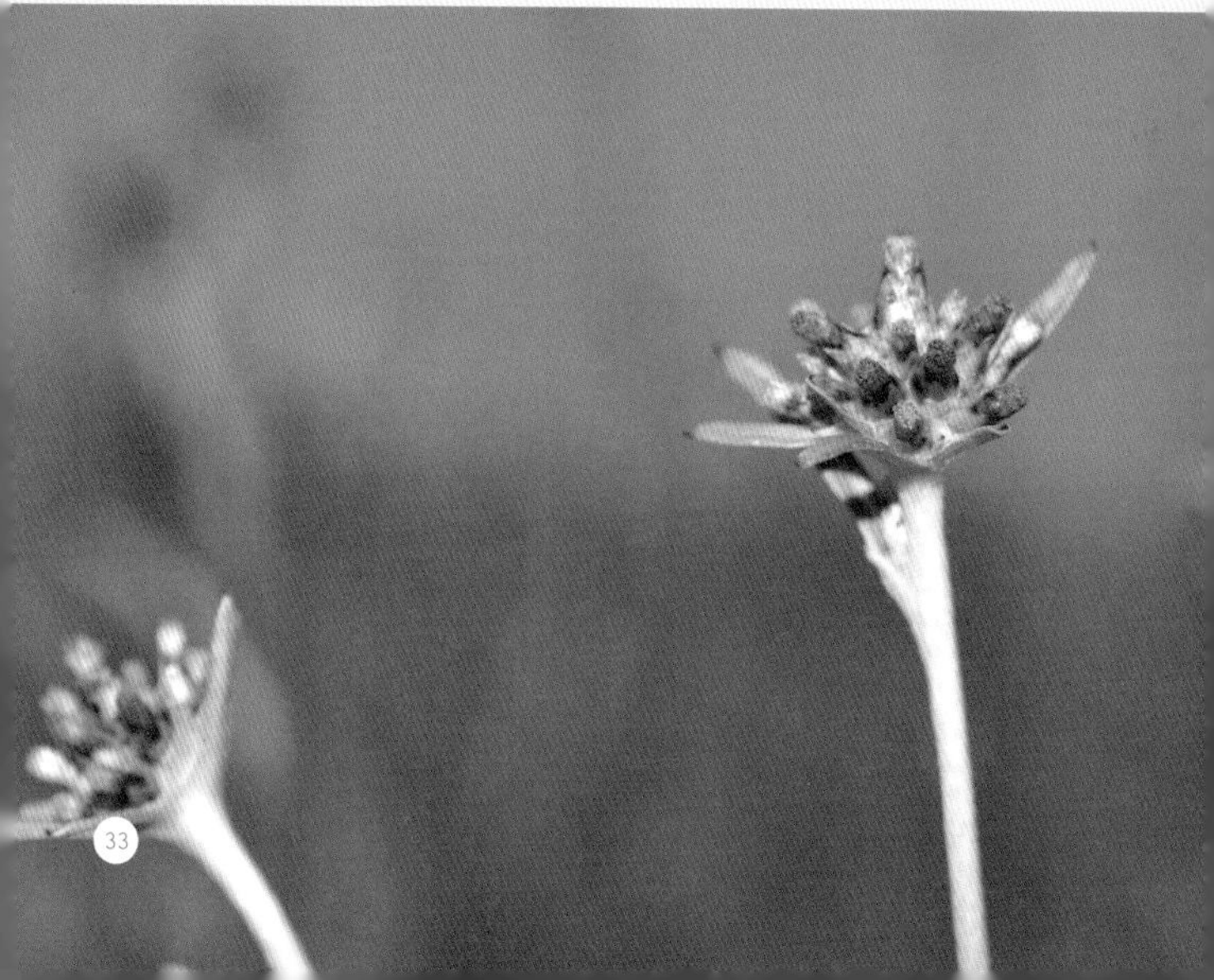

ノゲシ

【野芥子】 花期4～7月
キク科ノゲシ属 ヨーロッパ／生活型：越年草／草丈50～100㎝

道端等で見られ、世界中に分布する。茎は中空で茎や葉に傷をつけると白い乳液が出てくる。根出葉や下部の茎葉は分裂葉で上部は単葉。茎葉は茎を巻くように互生。茎の上部が枝分かれして黄色の頭花がつく。中国から帰化。薬用になる。

✿節倹

ヒトリシズカ

【一人静】 花期：3～5月

センリョウ科チャラン属　日本（北海道～九州）、南千島、朝鮮、中国／生活型：多年草／草丈15～30㎝

落葉樹林内の日陰でやや湿った所に群生。葉は単葉で縁には鋸歯があり左右対称につく。花弁がない3個の白い雄しべと1個の黄緑色の雌しべのみの花で、穂状花序。

✿隠された美

ヒナゲシの虞美人草は、古美人の伝説があって、花ものいふ如くひとしほそれがいたいけに佳麗に見える。

はつ夏の空青ければ
いよいよにふかき紅
みじかかる命と知りて
こは艶によそふひなげし

「ケシの花」
三好達治　三好達治全集第十巻
1964年　筑摩書房

シャガ

【射干】 花期：4～5月
アヤメ科アヤメ属　日本（本州、四国、九州）、中国／生活型：多年草／草丈30～70㎝

スギの植林地や竹林等の半日蔭に生える。根茎があり、葉は剣形の単葉・全縁で2列に互生。アヤメに似た淡い紫色の花で総状花序。6個中3個の花被片には細かい切れ込みと青紫色や黄橙色の斑紋がある。

✿反抗的

キュウリグサ

【胡瓜草】花期：3〜6月
ムラサキ科キュウリグサ属　日本（本州〜南西諸島）、アジア〜ヨーロッパ東部／生活型：越年草／草丈15㎝

タビラコとも。道端等で見られる。葉は根出葉と茎葉があり、単葉で互生。花径2㎜ほどの淡い青色の花で総状花序。葉をもむとキュウリのようなにおいがするのが名の由来。薬用になる。

✿愛しい人への真実の愛情

オランダミミナグサ

【オランダ耳菜草】　花期：3～5月
ナデシコ科ミミナグサ属　ヨーロッパ／生活型：越年草／草丈10～60㎝

アオミミナグサとも。道端等で見られる。茎や葉、萼（がく）等に毛がある。葉は単葉で左右対称につく。花は白い5弁花で岐散花序。茎が丈夫で枯れても倒れずしばらく残る。明治時代末期に渡来し各地で帰化。

✿可憐

ワスレナグサ

【勿忘草、忘れな草】花期：3～6月

ムラサキ科ワスレナグサ属 世界の温帯／生活型：一年草、多年草／草丈10～50㎝

葉には根出葉と茎葉があり、ともに単葉・全縁、茎葉は互生。花色は青、紫、桃色、白がある。さそり型花序または茎先に1つつく。栽培品種も多い。

✿私を忘れないで

カラスノエンドウ

【烏豌豆】　花期：3〜6月
マメ科ソラマメ属　日本（本州、四国、九州、沖縄）／生活型：一年草、越年草／草丈10〜30㎝

ヤハズエンドウ（矢筈豌豆）とも。草むら等で見られる。葉は偶数羽状複葉で互生。つるを伸ばしながら成長し、紅紫色の花が葉のつけ根に2〜3個つく。マメは熟すと黒ずみ、らせん状に弾けて種を飛ばす。芽出しの頃の茎葉は食用に。実が黒く熟すのが名の由来。

✿必ず来る幸福

ショウジョウバカマ

【猩猩袴】花期：4～5月
シュロソウ科ショウジョウバカマ属
日本（北海道～九州）、朝鮮／生活型：多年草／草丈10～30㎝

落葉樹林等の湿った所に生える。茎がはっきりせず、単葉・全縁の根出葉が地面近くでロゼット状（放射状）に広がる。花は総状花序で、紫や桃色の3～10個の花が花茎の先につく。

✽希望

ヘビイチゴ

【蛇苺】 花期：4～6月
バラ科キジムシロ属　日本全域、朝鮮、中国、台湾、タイ、フィリピン、インドネシア／生活型：多年草／草丈10㎝弱

草原や道端等で見られる。茎は地を這い節から根を出す。葉は主に3出複葉で縁には鋸歯があり互生。黄色い花が葉と左右対称の位置に1つつく。小ぶりのイチゴのような赤い実がなるが、美味しくはない。薬用になる。

✽敬意を表します

ヘビイチゴの花（上）と実（右）

ホトケノザ

【仏座】　花期：3～6月

シソ科オドリコソウ属　日本（本州～南西諸島）、ヨーロッパ～東アジア／生活型：越年草／草丈10～30cm

サンガイグサ（三階草）とも。道端等で見られる。葉は単葉で左右対称につく。茎上部の葉の縁には鋸歯がある。花は基部が筒状の唇形花で輪状につく。花色は紅紫色。葉は仏像の蓮華座のよう。春の七草のホトケノザはコオニタビラコのこと。

✿調和

ジュウニヒトエ

【十二単】 花期：4～5月
シソ科キランソウ属 日本（本州、四国）／生活型：多年草／草丈10～25cm

丘陵のやや乾いた所で見られる。重なって咲く姿を十二単に見立てたのが名の由来。葉は単葉で縁には波形の歯牙があり左右対称につく。花は淡い紫白色で総状花序。

✿高貴な人柄

セイヨウタンポポ

【西洋蒲公英】　花期：3〜5月
キク科タンポポ属　ヨーロッパ／生活型：多年草／草丈10〜45㎝

道端等で見られる。葉は羽状の分裂葉が根生、ロゼット状（放射状）に広がる。茎先に黄色い頭花が1つつく。頭花は舌状花の集合体。若葉や花は食用、根は「タンポポコーヒー」に。英語名のダンデライオンは葉形にちなんだ「ライオンの歯」という意味。

✿神託

セイヨウタンポポ

セイヨウタンポポと
カントウタンポポの見分け方

総苞片が下向きに反り返るセイヨウタンポポに対して、カントウタンポポ等の在来種は総苞片が反り返らない（セイヨウタンポポと在来種の雑種等では反り返らないものもある）。

カントウタンポポ

果実（痩果）には綿毛のような冠毛がある。

フデリンドウ

【筆竜胆】　花期：4～5月リンドウ科リンドウ属　日本（北海道～九州）、朝鮮、中国／生活型：越年草／草丈5～10㎝

日当たりがよい草地等で見られる。根出葉と茎葉があり単葉・全縁、茎葉の縁は白く、左右対称につく。青紫色の花が茎先に数個つく。花冠は5裂した星形。

✿正義

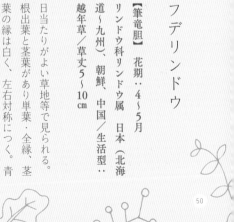

シバザクラ

【芝桜】 花期：4～5月
ハナシノブ科クサキョウチクトウ属
アメリカ北東部／生活型：多年草／
草丈10cm

ハナツメクサ（花詰草）、モスフロックスとも。日向を好み、公園等でグラウンドカバーとしてよく植栽される。葉は線形・全縁で左右対称につく。花は赤、桃色、青、紫色、白等で集散花序。草の広がる様子と花の形が名の由来。

✿臆病な心

オダマキ

【苧環】　花期：4〜5月
キンポウゲ科オダマキ属　分布なし
／生活型：多年草／草丈30〜50㎝

日本では古くから栽培。根出葉は2回3出複葉で縁には鋸歯がある。茎葉は1回3出複葉で1、2枚が互生。花は白と紫で総状花序。外側の5枚は萼片（がくへん）。距（きょ　萼片の一部が変化）に蜜がたまる。麻糸を巻き付ける道具が名の由来。

✿愚鈍

チューリップ

花期：3～5月

ユリ科チューリップ属　東～中央アジア、北アフリカ／生活型：多年草／草丈15～45cm

ウコンコウ（鬱金香）とも。葉は線形・全縁で互生。花は集散花序または茎先に1つつく。花色は白、赤、黄色、桃色、橙色等。江戸時代後期に渡来。春を代表する花。トルコ語のターバンが名の由来ともいわれる。

✿名高きを表す

スズラン

【鈴蘭】 花期：4〜6月
キジカクシ科（クサスギカズラ科）
スズラン属　日本（北海道、本州、九州）、朝鮮、中国／生活型：多年草／草丈20〜35cm

キミカゲソウ（君影草）とも。日本にはスズランが自生するが、街中でよく植えられるのはドイツスズラン。根茎で広がり、葉は単葉・全縁で根生。小さな白い鐘形の6弁花がまさに鈴なり（総状花序）につく。

✿純潔

スノーフレーク

花期：3～4月
ヒガンバナ科スノーフレーク属
ヨーロッパ～コーカサス／生活型：
多年草／草丈35～60㎝

オオマツユキソウ（大待雪草）、スズランスイセン（鈴蘭水仙）とも。花壇や鉢植えで栽培される。葉は線形で根生。花は散形花序で茎先に3～5個つく。鐘形の6弁花でスズラン似。花縁の緑色の斑点がアクセント。

✿純潔

朝顔の花の生命は一時間か二時間といつていいだらう。私は朝顔の花の水々しい美しさに気づいた時、何故か、不意に自分の少年時代を憶ひ浮べた。あとで考へた事だが、これは少年時代、既にこの水々しさは知つてゐて、それ程に思はず、老年になつて、初めて、それを大変美しく感じたのだらうと思つた。

「朝顔」

志賀直哉　志賀直哉全集四巻

１９７３年　岩波書店

ミヤコワスレ

【都忘】 花期：4～6月

キク科シオン属　分布なし／生活型：多年草／草丈20～50㎝

ミヤマヨメナの栽培品種群。葉は単葉、縁には鋸歯がある。根出葉と茎葉があり。茎葉は互生、どちらも両面に粗い毛がある。茎先に青、紫、桃色、白等の頭花がつく。古くから観賞用に栽培され、この花が詠まれた歌も多い。

✿しばしのなぐさめ

サクラソウ

【桜草】　花期：4〜5月
サクラソウ科サクラソウ属　日本（北海道南部、本州、九州）、朝鮮、中国／生活型：多年草／草丈15〜40㎝

ニホンサクラソウ（日本桜草）とも。日当たりのよい湿原で見られる。葉は単葉・縁には不揃いで浅い二重の歯牙があり、根生。紅紫色の花で散形花序。栽培品種には絞りの色も。根は民間療法で去痰薬に。準絶滅危惧種。

✿少年時代の希望

オドリコソウ

【踊子草】　花期：3〜6月

シソ科オドリコソウ属　日本（北海道〜九州）、朝鮮、中国／生活型：多年草／草丈30〜50㎝

道端や落葉樹林等に群生する。茎の断面は四角形で、葉は単葉・縁には鋸歯があり左右対称につく。花は輪散花序。白から淡紅色の花が茎上部につく。笠をかぶった踊り子に似た花の形が名の由来。若菜は食用、花や根は薬用になる。

✿快活

スイートピー

花期：4〜6月
マメ科レンリソウ属　イタリア南部、シシリー島、クレタ島／生活型：つる性の一年草

ジャコウレンリソウ（麝香連理草）、ジャコウエンドウ（麝香豌豆）とも。つるは4mになることも。葉は1対の小葉で互生、巻きひげがつく。花は総状花序で、蝶形の花が1〜4個つく。野生種の花は紫が基調で栽培品種は白、桃色、赤等。

✿門出

ムラサキケマン

【紫華鬘】 花期：4～6月

ケシ科キケマン属　日本全域、台湾、中国／生活型：越年草／草丈20～50cm

道端の半日陰ややや湿った所で見られる。葉は2回3出複葉・縁には不統一な切れ込み（欠刻）があり互生。花は紅紫色や白で総状花序。距（きょ　花弁の一部が変化）がある。有毒。葉がセリ科に似ているので注意。

✿あなたに従います

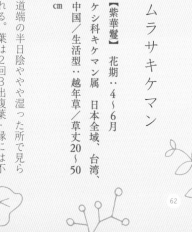

キランソウ

【金瘡小草】　花期：3～5月

シソ科キランソウ属　日本（本州～九州）、朝鮮、中国／生活型：多年草／草丈2～5cm

ジゴクノカマノフタ（地獄釜蓋）とも。道端、石垣等に群生。葉は赤紫がかった色で単葉、縁には丸みのある歯牙があり左右対称につく。濃紫の花は上唇が2裂、下唇は3裂し筋がある。別名は、薬効で病気知らずになるといわれるのが由来とも。

✿あなたを待っています

ヒナゲシ

【雛芥子、雛罌粟】 花期：4～7月
ケシ科ケシ属 ヨーロッパ中部／生活型：一年草／草丈15～70㎝

グビジンソウ（虞美人草）とも。花壇でよく栽培される。茎はまばらに枝分かれし、葉はロゼット状（放射状）に根生、分裂葉で縁には歯牙がある。赤、桃色、白等（中心部の黒点のあるものもあり）の花が茎先に1つつく。別名は中国の項羽の愛妃・虞姫に由来。

✽感謝

シラン

【紫蘭】　花期：4～6月

ラン科シラン属　日本（本州の福島県以南、四国、九州）、朝鮮、中国／生活型：多年草／草丈30～70㎝

土手等で見られる。葉は単葉・全縁で根生、表面の縦じわが特徴的である。花は紅紫色で総状花序。萼片（がくへん）と側花弁は長楕円形、3裂の唇弁にある5本のひだはフリルのよう。準絶滅危惧種。根茎は薬用になる。

✿楽しい語らい

クンシラン

【君子蘭】 花期4～5月
ヒガンバナ科クンシラン属　南アフリカ（ナタール）／生活型：多年草／草丈40～50㎝

半日蔭を好み、鉢植えでよく栽培される。葉は幅広い剣状・全縁で2列に並んでつく。花は散形花序で、葉の中心から伸びた花茎の先端に15～20個の花がつく。橙色～緋赤色等の大輪の花。南アフリカ東部が原産で明治時代に渡来。

✿高貴

ルピナス

花期：4〜6月
マメ科ハウチワマメ属　北アメリカ
／生活型：多年草／草丈150㎝

タヨウハウチワマメ（多葉羽団扇豆）、ノボリフジ（昇藤）とも。耐暑性が弱いので暖地では一年草扱い。花多数つく小葉は掌状複葉で互生。花は総状花序で、青〜桃色の蝶形の花が密集してつく。藤の花を逆さにした形なのが昇藤の名の由来。

✿空想

ハルジオン

【春紫苑】 花期：4～8月
キク科ムカシヨモギ属　北アメリカ
／生活型：一年草、越年草／草丈30
～100㎝

道端等で見られる。葉は単葉、根出葉の縁には鋸歯があり茎葉は互生。黄色い筒状花とそれを囲む白～淡い紫色の舌状花からなる頭花を多数つける。大正時代に渡来。「茎が中空、つぼみが下向き、舌状花の数」がヒメジョオンとの違い。

✽追想の愛

コハコベ

【小繁縷】 花期：3～9月
ナデシコ科ハコベ属 日本全域／生活型：越年草／草丈10～20㎝

畑や道端等で見られる。湿り気のある所で絡まりながら生える。葉は単葉・全縁で左右対称につく。花は白い5弁花（花弁が2つに深く裂けているため10弁に見える）で集散花序。外来種で、世界中で広く生える。同じ仲間のハコベ（ハコベラ）は春の七草の一つ。小鳥の餌にも。

✿ランデブー

キンギョソウ

【金魚草】　花期：4〜7月
オオバコ科キンギョソウ属　地中海地域／生活型：多年草／草丈20〜120cm

アンテリナムとも。花壇や公園でよく植えられる。葉は披針形の単葉・全縁で互生。花は赤、橙色、黄色、白、桃色等で穂状または総状花序。花冠は唇状に上下に開いていて、まるでパクパク口を開く金魚のよう。

✿おせっかい

ネジバナ

【捩花】　花期：4〜8月
ラン科ネジバナ属、日本全域、千島、ロシアから東のユーラシア大陸亜寒帯〜暖温帯／生活型：多年草／草丈10〜40㎝

モジズリ（綟摺）とも。湿り気のある草地等で見られる。葉は根出葉と互生する鱗状葉の茎葉がある。花は穂状花序でたくさんの小さなランの花がらせん状につく。角度を変えると輝いて見える。薬用になる。

✿思慕

タネツケバナ

【種漬花】 花期：3～5月

アブラナ科タネツケバナ属　日本全域／生活型：一年草、越年草／草丈10～30㎝

水田や道端等で見られる。葉には根生葉と茎葉があり、奇数羽状複葉で茎葉は互生。開花期に根生葉は枯れてしまい、なくなる。茎には毛がある。花は白い4弁花で総状花序。種もみを水につける頃に咲くのが名の由来。

✿父の失策

カキドオシ

【垣通】　花期：4～5月

シソ科カキドオシ属　日本（北海道～九州）、朝鮮、中国、台湾／生活型：多年草／草丈5～25㎝

レンセンソウ（連銭草）とも。道端等で見られる。茎は花が終わる頃つる状になる。葉は単葉・縁には歯牙があり左右対称につく。花は淡紅紫色の唇形花で輪散花序。踏むとにおいを放つ。薬用になる。茎が垣根を通って長く伸びるのが名の由来。

✽享楽

ウマノアシガタ

【馬足形】　花期：3〜6月
キンポウゲ科キンポウゲ属　日本（北海道南部〜南西諸島）、朝鮮、中国／生活型：多年草／草丈30〜120㎝

キンポウゲ（金鳳花）とも。草地等で見られる。根出葉・茎葉とも分裂葉で互生。花は光沢のある黄色の5弁花で、集散花序または茎先に1つつく。名の由来は「鳥の足形」の誤記との説も。

✽富

ビジョナデシコ

【美女撫子】 花期：4～7月
ナデシコ科ナデシコ属 ヨーロッパ南部～東部／生活型：多年草／草丈15～60cm

アメリカナデシコ、ヒゲナデシコ（髭撫子）とも。日当たりと水はけのよい土壌を好み、花壇等に植えられる。秋蒔き一年草扱い。葉は披針形の単葉で左右対称につく。花は散形花序。苞の先が髭のように伸びるのが髭撫子の名の由来。

✽純粋な愛情

セキチク

【石竹】 花期：4〜7月
ナデシコ科ナデシコ属　中国／生活型：多年草／草丈30〜50㎝

カラナデシコ（唐撫子）とも。花壇等に植えられる。秋蒔き一年草扱い。茎には短毛がある。根出葉と茎葉があり、茎葉は単葉で左右対称につく。花は集散花序または茎先に1つつく。赤、桃色、白の花色がある5弁花で花弁の縁に細かい切れ込みがある。種は薬用になる。

✿勇敢

アブラナ

【油菜】　花期：3～5月
アブラナ科アブラナ属　ヨーロッパ／生活型：一年草、二年草／草丈60～80㎝

ナタネ（菜種）とも。葉は表面にしわがあり、単葉・全縁、茎を巻くように互生。花は黄色い4弁花で総状花序。中国から渡来し、栽培されるように。種子から菜種油がとれ、若菜はお浸しや和え物等に。

✿快活

ハナニラ

【花韮】 花期：3〜4月
ヒガンバナ科ハナニラ属　アルゼンチン、ウルグアイ／生活型：多年草／草丈15〜20㎝

日当たりと水はけのよい所を好み、繁殖力が強い。鉢植え、花壇等に用いられる。葉は線形で根生。淡い青みのある白い6弁花が茎先に上向きに1つつく、花全体からニラのようなにおいがする。有毒。

✿悲しい別れ

アネモネ

花期：4～5月
キンポウゲ科イチリンソウ属　南ヨーロッパ、地中海地域／生活型：多年草／草丈25～40㎝

ボタンイチゲとも。分裂葉の根出葉と茎葉があり、茎葉は互生。花は赤、青、桃色、白等で、茎先に1つつく。花弁はなく、花弁状の6～8枚の萼片（がくへん）がつく。新約聖書にある「野のユリ」はアネモネのことする説もある。

✿はかない恋

立春《りっしゅん》

新暦2月4日頃
春が始まる日

東風解凍
（はるかぜこおりをとく）
新暦2月4〜8日頃

「東風（こち）」は東から吹く春風。春風で川や池の表面に張った氷が薄くなり、梅が咲く頃です。立春を過ぎて初めの午（うま）の日・「初午（はつうま）」は、稲荷神社のお祭り。お参りにおすすめの日です。

黄鶯睍睆

（うぐいすなく）

新暦2月9〜13日頃

鶯（うぐいす）が鳴いて、春の訪れを告げる頃。春になると冬とは異なる囀（さえず）りに変わり、これを「初音」と呼びます。この頃になると、鶯によく間違われる目白も鳴き始めます。

魚上氷

（うおこおりをいずる）

新暦2月14〜18日頃

水がぬるみ、氷が割れて魚が勢いよく飛びはねる頃。割れた氷のかけらは「浮氷（うきごおり）」と呼ばれます。イワナ、ヤマメ、ワカサギが旬の魚として楽しめる頃です。

雨《う》水《すい》

新暦2月19日頃

雪が雨に変わり水がぬるむ

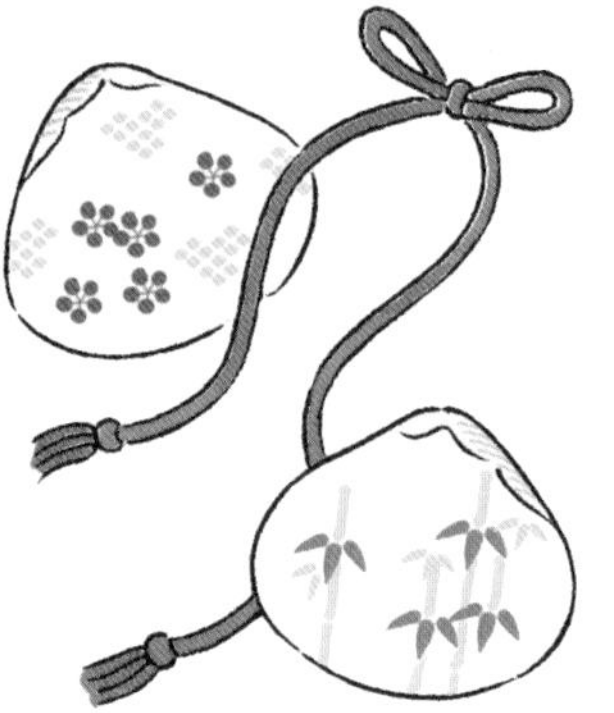

土脈潤起

（つちのしょううるおいおこる）

新暦2月19〜23日頃

「脉」は「脈」の俗字。氷がとけて土がぬかるむ頃で、大地が水を含んで脈をうつかのように活気づいてきます。雪がなくなった地面から顔をのぞかせる草は総じて雪間草と呼ばれます。

霞始靆

（かすみはじめてたなびく）

新暦2月24〜28日頃

春霞が煙のように薄く横に長く漂い、山野の風景がうすぼんやりと見える頃。春は「霞」、秋は「霧」と区別しますが、夜は「霞」と呼ばすに「朧（おぼろ）」と呼びます。

草木萌動

（そうもくめばえいずる）

新暦3月1〜5日頃

草木が芽吹き始める頃。新芽が萌え始め、雲雀（ひばり）が盛んに鳴き始めます。旬の魚介のハマグリは、1対しかかみ合わないことから雛祭り等の慶事に欠かせない縁起物。

啓《けい》蟄《ちつ》

新暦3月6日頃

土の中の虫が動きだす

蟄虫啓戸

（すごもりのむしとをひらく）

新暦3月6〜10日頃

虫だけではなくヘビやカエル等の小さな生き物が、冬ごもりから目覚めて活動し始める頃。土筆（つくし・スギナの胞子茎）やワラビ、ゼンマイ等がお浸しや和え物で楽しめます。

桃始笑

（ももはじめてさく）

新暦3月11～15日頃

桃の花が咲き始める頃。桃は長寿・子孫繁栄の象徴として縁起のよい花です。昔は、花が咲くことを「笑う」と表しました。サワラ、サヨリが旬で美味。

菜虫化蝶

（なむしちょうとなる）

新暦3月16～20日頃

モンシロチョウがさなぎから羽化して飛び回る頃。「菜虫」はアブラナ科の植物の葉を食べるモンシロチョウの幼虫。春分を挟む7日間は春の彼岸で、牡丹餅（ぼたもち）をいただく習わしです。

春分《しゅんぶん》

新暦3月21日頃

春の彼岸の中日。昼と夜の長さが同じ日

雀始巣

（すずめはじめてすくう）

新暦3月21～25日頃

雀が巣を作り始める頃。春分を過ぎる頃になると、雀は繁殖期を迎え、家の軒先や瓦の下等に丸い巣を作ります。春分に最も近い戊の日は春社（しゅんしゃ）。五穀豊穣を祈願します。

桜始開

（さくらはじめてひらく）

新暦3月26～30日頃

桜の花が咲き始める頃。お花見の季節です。桜は日本の国花とされ、古くから「花」といえば「桜」というほど日本で親しまれてきました。花は桜湯に、葉は塩漬けにして桜餅に使うと、香りと味が楽しめます。

雷乃発声

（かみなりすなわちこえをはっす）

新暦3月31日～4月4日頃

雷が鳴り始める頃。「春雷（しゅんらい）」は寒冷前線が通過する時に起こり、雹（ひょう）が降ることもあります。雷鳴で冬眠していた虫が目覚める「虫出しの雷」とも呼ばれます。

清《せい》明《めい》

新暦4月5日頃
万物に清らかで明るい気が満ちる

玄鳥至

（つばめきたる）
新暦4月5～9日頃

南国で越冬した燕（つばめ）が日本に渡ってくる頃。「玄鳥」（げんちょう）は燕の異名。「玄」は黒のことなので「黒い鳥」という意味です。4月8日は新暦でも御釈迦様の誕生日・灌仏会（かんぶつえ）。お花祭りが行われます。

鴻雁北

（こうがんかえる）

新暦4月10～14日頃

雁が北へ帰っていく頃。雁は秋に日本に来て冬は日本で過ごす渡り鳥です。この時期の旬の山菜のタラノメは天ぷらでいただくのがおすすめ。この時期には潮干狩りでアサリがよく獲れます。

虹始見

（にじはじめてあらわる）

新暦4月15～19日頃

雨上がりに虹が出始める頃。春の虹は夏の虹に比べると消えやすいですが、夕立ちの後によく見られるようになります。春に静かに降る、細かい粒の雨を春雨（はるさめ）といいます。

穀雨《こくう》

新暦4月20日頃

春雨がたくさんの穀物を潤す

葭始生

（あしはじめてしょうず）

新暦4月20～24日頃

水辺に群生する葭が芽吹き始める頃。「葭」は「葦」とも書きます。葦の先端が尖った若芽は「葦芽（あしかび）」と呼ばれ、生命力豊かにすくすく成長するものの象徴とされています。

霜止出苗

（しもやみてなえいずる）

新暦4月25～29日頃

霜が降りることもなくなり、稲の苗がどんどん成長する頃。稲は種をまいて苗を育てるための苗代という田で一定の大きさになるまで育ててから田植えをします。草餅に練り込まれるヨモギは旬の野菜。

牡丹華

（ぼたんはなさく）

新暦4月30日～5月4日頃

牡丹の花が咲く頃。中国原産の牡丹は「百花の王」と呼ばれる華やかな花ですが、古来観賞用に栽培され、根の皮は鎮痛薬等に使われていました。立春から八十八日目の夜（5月2日頃）は茶摘みの最盛期。

2 初夏の花

クレマチス

花期：5～10月
キンポウゲ科センニンソウ属　北半球の温帯、オセアニア、熱帯アフリカ／生活型：つる性の多年草

花壇等に植えられる。葉は基本的に左右対称につく。3出複葉または羽状複葉で単葉もある。花弁のようなものは萼片（がくへん）。原種、栽培品種を合わせると、紫・黄色・桃色・白を中心に多様な花色があり、愛好家も多い。

✿美しい精神

アヤメ

【菖蒲】　花期：5〜7月
アヤメ科アヤメ属　日本（北海道〜九州）、朝鮮、中国／生活型：多年草／草丈30〜60㎝

乾燥した草原等で見られる。葉は剣状の単葉が2列互生。花は紫で扇状花序。茎先に2〜3個つく。6枚中外側3枚の花被片に黄色と紫の網目模様。内側の3枚は細い。アヤメとカキツバタは中肋（葉の主脈）がハナショウブより目立たない。

✽よい便りを待っています

カキツバタ

【杜若】 花期：5～6月
アヤメ科アヤメ属　日本（北海道～九州）、朝鮮、中国／生活型：多年草／草丈40～70㎝

池沼の水辺等で見られる。剣状の単葉が2列互生、花は扇状花序で茎先に2、3個つく。青紫色の花で、6枚中外側3枚の花被片には中央に白っぽい筋がある。内側3枚は細い。1日でしぼむ。準絶滅危惧種に指定されている。

✿幸福はきっとあなたのもの

アヤメ、カキツバタ、ハナショウブの見分け方

アヤメは網目模様

カキツバタは
中央に白っぽい筋

ハナショウブは
中央に黄色の筋

鱗茎は酢みそ
和え等に。

ノビル

【野蒜】花期：5〜6月
ヒガンバナ科ネギ属　日本全域、朝鮮、中国、台湾／生活型：多年草／草丈40〜60cm

草原や道端等で見られる。葉は線形で根生。花は淡紅色がかった白で散形花序。長く突き出ているのは雄しべ。花の一部または全部が珠芽（むかご：地上に落ちて発芽する）となる。ネギ臭がある。

✿タフなあなたのことが好き

ナルコユリ

【鳴子百合】　花期：5〜6月
キジカクシ科（クサスギカズラ科）
アマドコロ属　日本（本州の関東以西、四国、九州）、朝鮮／生活型：多年草／草丈60〜80cm

山地の林縁や草地等で見られる。葉は単葉・全縁で2列互生。花は散房花序で、先端が緑がかった白い鐘形の花が2〜6個ずつつく。根茎は薬用に。名の由来の鳴子は田んぼに鳥が入らないように音で追い払う道具。

✿気品のある行い

シモツケソウ

【下野草】　花期：6～8月

バラ科シモツケソウ属　日本（本州の関東以西、四国、九州）／生活型：多年草／草丈30～100cm

山地の日当たりがよい草原等で見られる。根出葉と茎葉があり、茎葉は奇数羽状複葉が互生するが、小さくて目立たない。頂小葉の縁には不統一な切れ込みがある。花は雄しべの長い、淡い紅色の4～5弁花で散房花序。

✿無駄事

シャクヤク

【芍薬】 花期：5〜6月
ボタン科ボタン属　チベット、中国、シベリア／生活型：多年草／草丈50〜90㎝

エビスグサとも。日向を好み、花壇、公園等に植えられる。葉は1〜2回3出複葉が互生。赤、桃色、白の花径10〜18㎝の大輪の花が茎先に1つつく。香りが豊か。中国から薬草として伝来し、栽培品種が多数つくられた。

✿はにかみ

ヒメジョオン

【姫女苑】　花期：6～10月
キク科ムカシヨモギ属　北アメリカ／生活型：一年草、越年草／草丈30～150㎝

道端や空き地等で見られる。根出葉と茎葉があり、単葉で縁には鋸歯があり茎葉は互生。枝分かれした茎先に頭花が集まってつく。黄色い筒状花を薄紫の舌状花が囲む。ハルジオンとの違いは「茎が中空ではない」「つぼみが下向きではない」等。

✿素朴で清楚

ブタナ

【豚菜】　花期：6〜9月
キク科ブタナ属　ヨーロッパ／生活型：多年草／草丈80cm

タンポポモドキとも。草地や空地等で見られる。葉は分裂葉で根生。枝分かれした茎先に黄色いタンポポに似た頭花がつく。頭花は舌状花の集合体。花茎のところどころにある鱗片状の黒いものは、退化した葉。

✿最後の恋

ジギタリス

花期：5〜6月
オオバコ科ジギタリス属　ヨーロッパ／生活型：二年草、多年草／草丈200cm

キツネノテブクロ（狐手袋）とも。全体に毛が生え、葉は根出葉と茎葉がある。茎葉は単葉・全縁で互生。花は一方に偏った総状花序で、内側に紫色の斑点がある赤紫・桃色・白の、大ぶりの鐘形の花がつく。強い毒性があるが、強心剤が作られる。

✿熱愛

ニチニチソウ

【日日草】　花期：6～9月
キョウチクトウ科ニチニチソウ属
マダガスカル／生活型：亜低木／草
丈300～500cm

ニチニチカ（日日花）とも。日当たりと水はけのよい土を好み、花壇、公園等に植えられる。亜低木だが寒さに弱いため、一年草扱い。葉は光沢のある単葉・全縁で左右対称につく。紫・桃色・白等の5弁花が茎先に1つつく。有毒。

✿楽しい思い出

キリンソウ

【麒麟（黄輪）草】 花期：5〜7月
ベンケイソウ科キリンソウ属 日本（北海道〜九州）、朝鮮、中国／生活型：多年草／草丈20〜50cm

山地の草原や海岸の岩場等で見られる。葉は多肉質の単葉で縁には鋸歯があり互生。花は黄色い5弁花で多出（3出）集散花序。薬用になる。

✿激励

タチアオイ

【立葵】 花期：6〜8月

アオイ科タチアオイ属　分布なし／

生活型：越年草／草丈300cm

日当たりと水はけがよい所を好み、花壇、公園等に植えられる。葉は単葉で縁には鋸歯があり互生、長い葉柄がある。高くそそり立つ花茎に赤、黄色、桃色、白の5弁花を多数つける。中国から渡来したが原産は不詳。花と根は薬用になる。

✿平安

ツユクサ

【露草】　花期：6〜9月
ツユクサ科ツユクサ属　日本全域、朝鮮、中国／生活型：一年草／草丈20〜50㎝

ボウシバナ（帽子花）、ホタルグサ（蛍草）、アオバナ（青花）とも。道端等で見られる。葉は単葉で互生。花は葉と対生、船形の苞の中に集散花序をつける。6枚ある花被片のうち内花被片の2枚は大きく青い。残り4枚は小さく白いので目立たない。

✿楽しみは束の間

ミズバショウ

【水芭蕉】　花期：5～7月
サトイモ科ミズバショウ属　日本（北海道、本州の兵庫県・中部以北の日本海側）、千島、／生活型：多年草／草丈100㎝

北国に多く、山地の湿原に群生する。太い地下茎があり根生する。楕円形の単葉の葉は開花後に成長。花は肉穂花序で、白い仏炎苞に包まれた茎に淡緑色の4弁花がつく。大きな葉をバショウになぞらえたのが名の由来。

✿美しい思い出

ベニバナ

【紅花】 花期：6～7月
キク科ベニバナ属　分布は不明／生活型：一年草／草丈100cm

クレノアイ（呉藍）、スエツムハナ（末摘花）、サフラワーとも。古来、紅色の染料の原料として栽培。葉は単葉で縁には鋸歯があり互生。花はすべて筒状花で頭状花序。最初は黄色でじきに赤に変化。『源氏物語』の鼻頭の赤い姫「末摘花」の名でも有名。古来、世界各地で栽培。

✿包容力

ヤマユリ

【山百合】 花期：6～8月
ユリ科ユリ属　日本（本州の東北～近畿）／生活型：多年草／草丈100～150㎝

ヨシノユリ（吉野百合）、ホウライジユリ（鳳来寺百合）とも。山地や丘陵の林縁、開けた傾斜地等で見られる。葉は単葉・全縁で互生。花は総状花序で白い花の内側の赤褐色の斑点と黄色い線が特徴的。強い香りがある。鱗茎が百合根。

✿荘厳

蓮の花の担っている象徴的な意義が、この花の感覚的な美しさを通じて、猛然と襲いかかって来たのである。われわれの祖先が蓮花によって浄土の幻想を作り上げた気持ちは、私にはもうかなり縁遠いものになっていたが、しかしこの時に何か体験的なつながりができたように思う。

「巨椋池の蓮」
和辻哲郎『和辻哲郎随筆集』
1995年　岩波文庫

サルビア

花期：6～11月
シソ科アキギリ属　ブラジル／生活型：多年草／草丈60～100cm

ヒゴロモソウ（緋衣草）とも。観賞用に花壇で栽培される代表花。寒さに弱いので日本では一年草扱い。葉は単葉で縁には歯牙があり左右対称につく。花は穂状の輪散花序。花も萼（がく）も鮮やかな紅色。栽培品種には白、桃色、紫もあるが、通常、単にサルビアというとこの種を指す。

✿燃える想い

ヒルガオ

【昼顔】　花期：6〜8月
ヒルガオ科ヒルガオ属　日本（北海道〜九州）、朝鮮、中国／生活型：つる性の多年草

畑や草地等で見られる。葉は主に矢じり形の単葉・全縁で互生。淡い紅色で中央は白い、五角形の漏斗形の花が葉の腋に1つつく。朝顔に対して昼に咲くのが名の由来。つるは右巻きで繁殖力が強い。薬用になる。

✿絆

ハマユウ

【浜木綿】 花期：6～9月
ヒガンバナ科ハマオモト属　日本（本州の関東南部以西～南西諸島）、朝鮮／生活型：多年草／草丈50～80㎝

ハマオモト（浜万年青）とも。海岸等で見られる。葉は帯状の単葉・全縁で根生。花は白で散形花序。太い茎先につく。夜に香りが強くなる。雄しべの葯はT字形。ハマオモトの名は葉がオモトに似ているから。

✽どこか遠くへ

ガマ

【蒲】花期：6〜8月
ガマ科ガマ属　日本（北海道〜九州）、北半球温帯〜熱帯、オーストラリア／生活型：多年草／草丈150〜200cm

浅い池沼で見られる。葉は線形で互生。茎上部に黄色い雄花の穂、下部に緑褐色の雌花の穂。雌花の穂が褐色に熟すと綿毛のある種子が飛ぶ。雄しべの花粉は傷薬に使われた。『古事記』の因幡の白兎にも登場。

✿無分別

カンナ

花期：6～10月
カンナ科カンナ属　中南米／生活型：多年草／草丈40～160cm

日向を好み、花壇、公園等で植えられる。葉は先の尖った楕円形・単葉・全縁で互生。赤、桃色、橙色、黄色、白等の花が茎先に1つつく。花は総状花序で花弁は緑色で小さく、苞に包まれる。花弁に見えるのは雄しべ。

✿情熱

アレチハナガサ

【荒地花笠】　花期：6～9月　クマツヅラ科クマツヅラ属　南アメリカ／生活型：多年草／草丈150cm

日当たりのよい道端、荒地等で見られる。茎は断面が四角で、剛毛が生えている。葉は細い楕円形の単葉で縁には鋸歯があり左右対称につく。直径2㎜程度の小さな薄紫色の花で穂状花序。

✽魅了する

ペラペラヨメナ

花期：5～11月
キク科ムカシヨモギ属　メキシコ～パナマ／生活型：多年草／草丈20～40㎝

ゲンペイコギク（源平小菊）とも。花壇等に植えられる。葉は互生、茎下部の葉は分裂葉、上部の葉は披針形で全縁・単葉。花は頭状花序。頭花は白い（後に薄紅色）舌状花が黄色の筒状花を囲む。葉が薄くペラペラなのが名の由来。

✿光栄に輝く美しさよ

キキョウ

【桔梗】　花期：6～9月
キキョウ科キキョウ属　日本（北海道～九州）、朝鮮、中国／生活型：多年草／草丈50～100cm

山地の日当たりのよい草地等で見られる。傷をつけると白い液が出る。葉は卵形の単葉で縁には鋸歯があり互生。花は青紫色の星形で、茎先に数個つく。秋の七草の一つで若菜は食べられる。根茎は薬用になる。絶滅危惧Ⅱ類。

✿誠実

キキョウソウ

【桔梗草】 花期：5〜8月
キキョウ科キキョウソウ属 カナダ〜アルゼンチン／生活型：一年草／草丈80cm

ダンダンギキョウ（段々桔梗）とも。日本に帰化していて、道端や畑等で見られる。葉は丸い単葉で縁には鋸歯があり互生。花は青色の星形で葉腋に1つつく。キキョウの半分ぐらいの大きさの小さな花。

✿優しい愛情

カスミソウ

【霞草】 花期：5～6月
ナデシコ科カスミソウ属　ウクライナ、コーカサス、イラン／生活型：一年草／草丈20～100cm

ハナイトナデシコ（花糸撫子）、ムレナデシコ（群撫子）とも。フラワーアレンジメントの定番花で花束によく使われる。葉は根出葉と茎葉があり単葉・全縁、茎葉は披針形で左右対称につく。花は岐散花序で、白または桃色の多数の小花がつく。

✿清らかな心

オシロイバナ

【白粉花】 花期：6〜10月
オシロイバナ科オシロイバナ属　メキシコ／生活型：多年草／草丈100cm

ユウゲショウ（夕化粧）とも。江戸時代に渡来し野生化。道端等で見られる。葉は単葉・全縁で左右対称につく。花は集散花序。花色は赤、橙色、黄色、桃色、白で、花弁のようなものは萼（がく）。果実の胚乳がおしろい状なのが名の由来。

✿臆病

アガパンサス

花期：5〜7月
ヒガンバナ科ムラサキクンシラン属
南アフリカ／生活型：多年草／草丈
30〜150cm

日向を好み、花壇、公園等に植えられる。葉は線形の単葉・全縁で根生。花は散形花序で6弁花が長い茎先につく。花色は青、紫、白色等。花が開くものと、あまり開かずに下向きになるものがある。

✿恋の訪れ

シロツメクサ

【白詰草】　花期：5～10月

マメ科シャジクソウ属　ヨーロッパ～西アジア、北アフリカ／生活型：多年草／草丈5～15㎝

クローバーとも。公園等で見られる。葉は3小葉（四つ葉のクローバーは4小葉）・縁には細かい歯牙があり互生。葉の表面にV字の斑紋。花は球状総状花序で、多数の小花がつく。江戸時代頃に渡来し帰化。陶磁器輸入時等の詰物だったのが名の由来。

✿幸運

ムラサキカタバミ

【紫片喰】　花期：6〜7月
カタバミ科カタバミ属　南アメリカ
／生活型：多年草／草丈30㎝

空き地等で見られる。地下に鱗茎があり、葉はハート形の3出複葉で根生。花は紅紫色の5弁花で、散形花序。雄しべの葯は白。江戸時代に渡来し、帰化。観賞用に栽培される。

✿喜び

ドクダミ

【蕺、蕺菜】　花期：6〜7月
ドクダミ科ドクダミ属　日本（本州〜南西諸島）、中国、東南アジア／
生活型：多年草／草丈30〜50㎝

ジュウヤク（十薬）とも。山林や街中の日陰等に群生。葉は濃緑色（赤みがかっている場合もあり）、ハート形の単葉・全縁で互生。花弁のない黄色い葯だけの花で穂状花序。花びらのような白いものは総苞片。強いにおいがある。薬用になる。

✿野生

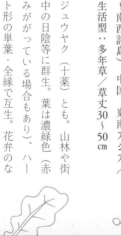

ノアザミ

【野薊】 花期：4～10月
キク科アザミ属　日本（本州、四国、九州）、台湾／生活型：多年草／草丈50～300㎝

日当たりのよい草地や土手等で見られる。葉は根出葉と茎葉があり分裂葉で縁に鋸歯がある。茎葉は互生。頭花が茎先に1～5個つく。花色は主に薄い紅紫色。頭花の基部を包む総苞が鐘形なので花は上向きに咲く。薬用になる。

✿独立

ベゴニア

花期：4〜11月
シュウカイドウ科シュウカイドウ属
分布なし／生活型：多年草／草丈10〜40㎝

花壇等に植えられる。寒さに弱く日本では一年草扱い。葉は卵形の単葉で縁は鋸歯と全縁があり、互生。花は集散花序で葉腋から出る。花色は赤、桃色、白等。雄花は2個、雌花は3個の花弁で、それぞれ花弁状の2枚の萼片（がくへん）がつく。

✿（淡紅）片思い

ワルナスビ

【悪茄子】　花期：4〜10月
ナス科ナス属　北アメリカ／生活型：多年草／草丈50〜100cm

畑や草地等で見られる。地下茎で増える。茎と葉柄、葉裏には棘があり、茎には星状毛もある。葉は単葉で縁には鋸歯があり互生。紫がかった白い星形の花で散形花序。畑等で地下茎をどんどん張り巡らす「悪者」。

✿真実

オカトラノオ

【岡虎尾】　花期：7～8月
サクラソウ科オカトラノオ属　日本（北海道～九州）、中国、朝鮮／生活型：多年草／草丈60～100cm

日当たりのよい林縁、草原等で見られる。茎と葉に毛があり葉は披針形の単葉で互生。花は総状花序で、茎先に長さ10～30cmほどの小さな星形の花が連なってつく。しなった花の様子は虎の尾のよう。

✿賢固

ホタルブクロ

【蛍袋】　花期：6～7月
キキョウ科ホタルブクロ属　日本（北海道～九州）、朝鮮、中国／生活型：多年草／草丈15～100cm

ツリガネソウ（釣鐘草）とも。山野等で見られる。葉は根出葉と茎葉があり、いずれも単葉で縁には不揃いな歯牙があり互生。花色は紫、白等で鐘形の花が茎先に1つつく。花冠の先は5裂。子供が蛍を入れて遊んだのが名の由来とも。

✿忠実

少年老い易し、麗人は刻（とき）を千金の春夜に惜む。われらがわかき日の小詩はまさに涙を流して歌ふべし。瑠璃いろ空のかはたれにわすれなぐさの花咲かばまた、過ぎし夜のはかなき恋も忍ぶべし。

「『わすれなぐさ』　はしがき」
北原白秋　「白秋全集３」
１９８５年　岩波書店

3
夏の花

ハナショウブ

【花菖蒲】　花期：5～7月
アヤメ科アヤメ属　分布なし／生活型：多年草／草丈50～100cm

ノハナショウブから改良された栽培品種群で、江戸系は地植え、伊勢系・肥後系は鉢植え用に改良された。葉は線形・全縁で互生。花は扇状花序。外花被片の基部の中心が黄色いのが特徴。花形、色とも豊富。

✿忍耐

モミジアオイ

【紅葉葵】 花期：7〜9月
アオイ科フヨウ属 北アメリカ／生活型：多年草／草丈100〜200cm

日向を好み、花壇等に植えられる。葉は深く切れ込む掌状の分裂葉で、縁には鋸歯があり互生。大きな赤色の5弁花が茎の上部の葉腋に1つつく。花は朝咲いて夕方にしぼむ1日花。三角状の大きな裂片の萼（がく）と、線形の小苞片が花につく。

✿温和

サギソウ

【鷺草】 花期：7～8月
ラン科サギソウ属　日本（北海道～九州）、朝鮮、中国／生活型：多年草／草丈15～40㎝

日当たりのよい湿地で見られる。線形の単葉・全縁で、互生。花は総状花序。中央はサギの胴体、左右の側裂片は縁に細かく切れ込みがあり羽のよう。後方に距（きょ　唇弁の一部が変化）が垂れ下がる。準絶滅危惧種。

✿繊細

アサガオ

【朝顔】　花期：7〜9月

ヒルガオ科サツマイモ属　東南アジア〜ヒマラヤ／生活型：つる性の一年草

主に観賞用に、栽培品種が鉢植え等で栽培されている。葉は単葉・全縁または掌状の分裂葉が互生。花は漏斗形で色はさまざま。葉腋に1つつき、朝咲いて夕方にはしぼむ。成長観察が小学生の夏休みの宿題になることも多く、夏の代名詞のような花。

✿はかない恋

ハス

【蓮】 花期：7～9月
ハス科ハス属　熱帯・温帯アジア～オーストラリア熱帯／生活型：多年草／草丈100～200cm

ハチスとも。池沼等に植えられる。地下茎が節をつくり伸びる。葉は春に浮葉、夏に長い葉柄のある葉、秋に止め葉（小葉）が出る。葉は単葉・全縁で地下茎から生える。白、桃色の花が茎先に1つつく。花床には穴。食用ハスの地下茎はレンコン。

✿信用

ヒャクニチソウ

【百日草】　花期：5～11月
キク科ヒャクニチソウ属　メキシコ
／生活型：一年草／草丈30～90㎝

日向を好み、花壇や公園等に植えられる。葉は単葉・全縁で左右対称につく、硬い毛がある。頭花が茎先につく。頭花は、赤紫色の舌状花が中央の黄色い筒状花を囲む。栽培品種の色はさまざま。花期が長いのが名の由来。江戸時代末期に渡来。

✿別れた友人を思い出す

ヒマワリ

【向日葵】　花期：7～9月
キク科ヒマワリ属　北アメリカ／生活型：一年草／草丈300cm

ヒグルマ（日車）、テンガイバナ（天蓋花）、ニチリンソウ（日輪草）とも。葉は単葉で縁には鋸歯があり互生（下部では左右対称につく場合も）。頭花は茎先につき40cmになることもある。黄色い舌状花が筒状花を囲む。種子は食用や食用油に。頭花が太陽に合わせて動くことは実際はない。

✿私はあなただけを見つめる

マツバボタン

【松葉牡丹】　花期：7～9月
スベリヒユ科スベリヒユ属　ブラジル、アルゼンチン／生活型：一年草／草丈25㎝

ツメキリソウ（爪切草）とも。日向を好み、花壇や公園等に植えられる。茎は枝分かれして這って広がる。葉は円柱状の単葉で互生。花は茎先に数個つく。野生種は紅色の5弁花だが、栽培品種の花色・形はさまざま。

✿無邪気

ユウガオ

【夕顔】　花期：7～8月
ウリ科ヒョウタン属　アジア、アフリカ／生活型：つる性の一年草

茎は地を這って20mになることも。葉は掌状の分裂葉が互生。花は白く漏斗形で縁は丸みのある星形。雄花と雌花がある。夕方に咲き、翌日の午前中にはしぼむ。『源氏物語』等にも登場する花で古くから親しまれている。マルユウガオの果肉を乾燥させたのが干瓢（かんぴょう）。

✽夜

ヘクソカズラ

【屁糞葛】　花期：7～9月
アカネ科ヘクソカズラ属　日本～東南アジア／生活型：つる性の多年草

ヤイトバナ（灸花）、サオトメカズラ（早乙女葛）とも。道端等で見られる。つるは左巻き、葉は単葉・全縁で左右対称につく。漏斗形の、中心部が紅紫色の白い花で岐散花序。葉や蔓をむしると強いにおいを放つのが名の由来。果実は民間療法でしもやけの薬に。

✿縁結び

ケイトウ

【鶏頭】 花期：7～11月

ヒユ科ケイトウ属　アジア、アフリカの熱帯／生活型：一年草／草丈10～200cm

奈良時代に中国から渡来、しばしば日本の暖地に帰化。花壇等に植えられる。葉は単葉で互生。茎上部の葉腋や茎先に花がつく。花序は石化（帯化）と羽毛状がある。花色は黄色、赤、桃色、白等。

✽気取り屋

石化タイプ（上）と羽毛状タイプ（右）。石化タイプが鶏冠（とさか）状なのが名の由来。

タカサゴユリ

【高砂百合】　花期：7～11月

ユリ科ユリ属　台湾／生活型：多年草／草丈30～150㎝

道端等で見られる。シンテッポウユリ（新鉄砲百合）と呼ばれることもありやや混乱している。日本で広く見られるものはタカサゴユリとテッポウユリの交雑種と思われる。葉は先が尖った単葉・全縁で互生。花は総状花序で茎上部につく。白い漏斗形で花被片は外に反り返る。繁殖力旺盛。

✿淑女

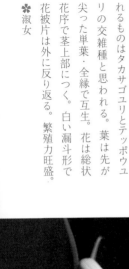

ミソハギ

【禊萩】　花期：7～8月

ミソハギ科ミソハギ属　日本（北海道～九州）、朝鮮／生活型：多年草／草丈50～100cm

ショウリョウバナ（精霊花）とも。湿地で見られる。葉は披針形の単葉で、茎に対し十字対生。花は紅紫色の6弁花で穂状花序。盆に仏前に供える花として用いられる。薬用になる。

✿悲哀

シュウカイドウ

【秋海棠】　花期：7～10月
シュウカイドウ科シュウカイドウ属
中国～マレーシア／生活型：多年草／草丈40～60㎝

日陰の湿った所で見られ、地下に塊茎をつくる。葉は単葉で縁には鋸歯があり互生。花は桃色で集散花序。茎の上部に2個の花弁の雄花、下部に3個の花弁の雌花がつく。それぞれ花弁状の2枚の萼片（がくへん）がある。江戸時代に渡来。

✿不調和

ホウセンカ

【鳳仙花】 花期7～9月
ツリフネソウ科ツリフネソウ属 インド、マレー半島、中国／生活型：一年草／草丈30～70㎝

ツマクレナイ（爪紅）とも。花壇等に植えられる。葉は単葉で縁には鋸歯があり互生。花は葉腋に1つつく（または2、3個の場合も）。長い距（きょ 花弁の一部が変化）がある。花色は赤、白、桃色等。果実が熟すと裂けて種が飛ぶ。

✿私に触れないで

ゼラニウム

花期：4〜11月

フウロソウ科テンジクアオイ属　分布なし／生活型：多年草／草丈30〜80㎝

数種の交配から作出されてきた栽培品種群で鉢植えや公園の植栽に用いられる。葉は円形の単葉で、縁には不統一な切れ込み（欠刻）と鋸歯があり、互生。葉をもむとにおいがある。花は赤、白、桃色等で散形花序。長い花茎の先につく。

✿尊敬と信頼

ペチュニア

花期：3～11月
ナス科ツクバネアサガオ属　分布なし／生活型：多年草／草丈10～30cm

ツクバネアサガオ（衝羽根朝顔）とも。寄せ植え等での夏の定番花。寒さに弱いため日本では一年草扱い。葉は単葉・全縁で互生（花がつく節から左右対称につく）。花は上部の葉腋に1つつく。花色は赤、黄、青、紫、桃色、白等、多くの花色・模様がある。花冠の漏斗状の縁は5裂。

✿心の平安

センニチコウ

【千日紅】　花期：5～11月
ヒユ科センニチコウ属　中南米／生活型：一年草／草丈50㎝

日向の乾燥した場所を好み、花壇や公園等に植えられる。葉は単葉で左右対称につく。茎先に頭花が1、2個つく。花色は、紫、桃、白だが、これは苞の色で花自体はその中にある。苞が鮮やかな色なうえに乾燥しているので、ドライフラワーによく用いられる。

✿不滅の愛

マツヨイグサ

【待宵草】　花期：5～11月
アカバナ科マツヨイグサ属　チリ、アルゼンチン／生活型：一年草、二年草／草丈30～100cm

湿り気のある所で見られる。根出葉と茎葉があり、細長く先の尖った形の単葉で縁には鋸歯があり茎葉は互生。花は黄色い4弁花で茎上部の葉腋に1つつく。夕方に咲くのが名の由来。近年はメマツヨイグサ、コマツヨイグサが多い。

✿魔法

ハゼラン

【爆蘭】 花期：8～10月
ハゼラン科ハゼラン属　西インド諸島／生活型：一年草／草丈300～800cm

ハナビグサ（花火草）、サンジソウ（三時草）とも。道端等で見られる。葉は単葉・全縁で互生。花は紅紫色の5弁花で円錐花序。まばらに枝分かれした茎の上部につく。別名の通り午後3時頃開く。実が熟すとパチッと弾ける。明治初期に渡来。

✿勲功

ヤブカンゾウ

【藪萱草】　花期：7～8月
ススキノキ科（ワスレグサ科）ワスレグサ属　日本（北海道～九州）、中国／生活型：多年草／草丈50～100㎝

オニカンゾウ（鬼萱草）とも。川の土手や野原等で見られる。葉は線形・全縁で2列に根生。花は八重咲きで岐散花序。花色は橙赤色。花被片の先は外側に反る。中国から渡来。若芽や花、蕾は食用に。

✿宣告

立《りっ》夏《か》

新暦5月5日頃
夏が始まる日

鼃始鳴

（かわずはじめてなく）
新暦5〜9日頃

田でかわず（カエル）が鳴き始める頃。「鼃」は「蛙」の俗字。この頃市場に出回る初物の鰹は「初鰹」として珍重されます。5月5日端午の節句には菖蒲湯に入り邪気を払い心身を清めます。

蚯蚓出（みみずいずる）

新暦5月10～14日頃

みみずが地上に這い出てくる頃。みみずは畑の土を肥やします。初夏に飛来するホトトギスは夏を知らせる鳥。そのさえずりが田植えの目安とされたので、「早苗鳥」とも呼ばれます。

竹笋生（たけのこしょうず）

新暦5月15～20日頃

筍（たけのこ）が土から顔を出す頃。「竹笋」は「筍」のこと。成長しすぎないうちに収穫して筍ご飯、若筍煮等に。5月15日には京都の上賀茂・下鴨両神社で葵祭が行われます。

小満《しょうまん》

新暦5月21日頃

草木が生い茂り周囲に満ち始める

蚕起食桑

（かいこおきてくわをはむ）

新暦5月21〜25日頃

蚕が桑の葉を盛んに食べ始めて育つ頃。繭から絹糸を生産する養蚕業では桑の新芽が出る頃に蚕が孵化（ふか）するように調節されてきました。旬の野菜・空豆はその形から「蚕豆」と呼ばれます。

紅花栄

（べにばなさかう）

新暦5月26〜30日頃

紅花の花が辺り一面に咲き誇る頃。茎の末に咲く頭花を摘んで紅色の染料や口紅の材料としたことから「末摘花」とも呼ばれ、『源氏物語』の巻名にも名が使われています。

麦秋至

（むぎのときいたる）

新暦5月31日〜6月5日頃

麦の穂が実る頃。「秋」の字は「実りの季節」という意味です。今では6月1日に行われることが多い衣替えは、旧暦では4月1日に行われていた「更衣（ころもがえ）」。

芒《ぼう》種《しゅ》

新暦6月6日頃

稲や麦等、イネ科の植物の種をまく

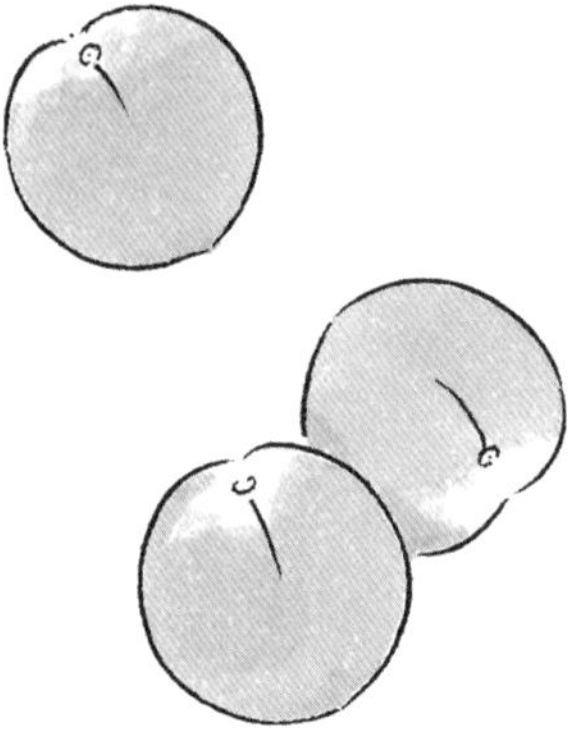

螳螂生

（かまきりしょうず）

新暦6月6〜10日頃

カマキリが生まれる頃。カマキリは麩のような丸い卵で越冬し、この時期に孵化（ふか）して小さな子供が大量に出てきます。この時期に収穫されるらっきょうは酢漬けやはちみつ漬けにすると美味です。

腐草為蛍

（くされたるくさほたるとなる）

新暦6月11～15日頃

「腐草」とは蛍のことで、蛍が光りながら飛び始める頃。蛍は土の中でさなぎになるため、昔は腐った草が蛍になると考えられていました。梅雨入りの目安となる「入梅」は、6月11日頃。

梅子黄

（うめのみきばむ）

新暦6月16～21日頃

梅の実が黄ばんで熟してくる頃。完熟の梅は生で食べられますが、熟していない青梅は有毒なので梅酒や梅干しに使います。カタツムリがよく見られるのもこの頃。

夏至《げし》

新暦6月22日頃
一年で最も昼が長い日

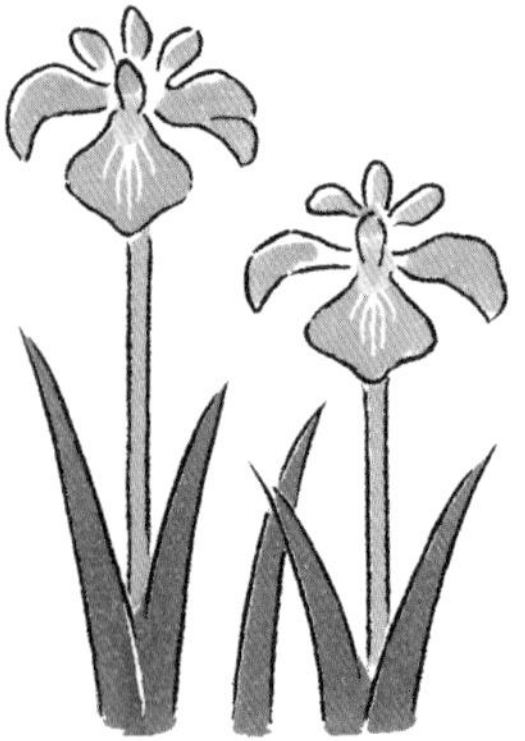

乃東枯
（なつかれくさかるる）
新暦6月22〜26日頃

「夏枯草（なつかれくさ）」が枯れる頃。夏枯草は「かこそう」ともいわれ、「靭草（うつぼぐさ）」の異名で、夏のうちに花穂だけが黒く枯れるのが異名の由来といわれています。

鮎釣りが解禁となる時期。

菖蒲華

（あやめはなさく）
新暦6月27日～7月1日頃

アヤメの花が咲き始める頃。このアヤメは、ハナショウブのことといわれています。6月末日は夏越の祓（はらえ）という神事が行われ、茅（ち）の輪くぐり等で身を清めます。

半夏生

（はんげしょうず）
新暦7月2～6日頃

半夏が映え始める頃。「半夏」は「烏柄杓（からすびしゃく）」という植物の異名。半夏生は田植えの終期。7月1日から京都・八坂神社では祇園会（ぎおんえ）の祭礼が始まります。

小《しょう》暑《しょ》

新暦7月7日頃

本格的な暑さが来る前の日。小暑から立秋までが暑中見舞い。

温風至

（あつかぜいたる）

新暦7月7〜11日頃

温風（あつかぜ）が吹く頃。「温風」は梅雨明け頃に吹く暖かな南風。7月7日の七夕は、織姫（こと座のベガ）と牽牛（けんぎゅう　わし座のアルタイル）が年に一度会えるという伝説にまつわる行事。

蓮始開

（はすはじめてひらく）

新暦7月12〜16日頃

蓮の花が咲き始める頃。早朝に咲く蓮の花を見に行くことは「蓮見」、観賞用の船は「蓮見舟」といい、俳句にも詠まれる夏の風物詩。旬の野菜はトウモロコシ。茹でたり焼いたりして味わいます。

鷹乃学習

（たかすなわちわざをならう）

新暦7月17〜22日頃

鷹の幼鳥が飛び方を学ぶ頃。巣立ちの時期です。7月が旬の鱧（はも）は、京都・祇園会、大阪・天神祭にちなみ、「祭鱧」とも呼ばれます。見た目も美しい小骨の「骨切り」は職人技。

大《たい》暑《しょ》

新暦7月23日頃
最も暑い日

桐始結花

（きりはじめてはなをむすぶ）

新暦7月23〜28日頃

桐の花が蕾をつける頃。土用の入りは7月20日頃。この頃に台風の影響で海岸に打ち寄せる大波を土用波といいます。土用の丑の日にウナギを食べると暑気あたりにならないといわれます。

土潤溽暑

（つちうるおうてむしあつし）

新暦7月29日〜8月2日頃

土が湿り気を帯びて蒸し暑くなる頃。この頃草むらからわき立つ、むっとする熱気を草いきれと呼びます。打ち水で涼を得たい時期。8月1日には豊作祈願行事の八朔（はっさく）が行われます。

大雨時行

（たいうときどきふる）

新暦8月3〜7日頃

大雨が時々降る頃。夏の風物詩の花火は秋の季語でしたが、納涼が中心となった今では夏の季語に分類されています。スイカも季語は秋ですが、体を冷ます作用があるので暑気払いに。

4 秋の花

ゲンノショウコ

【現の証拠】 花期：7～10月
フウロソウ科フウロソウ属 日本（北海道、本州、四国、九州、奄美群島）、朝鮮、中国、台湾／生活型：多年草／草丈30～50㎝

フウロソウ（風露草）とも。道端等で見られる。葉には根出葉と茎葉があり茎葉は分裂葉で左右対称につく。花は5弁花で茎先に2個つく。東日本は白、西日本は紅紫色が多い。煎じ薬がすぐ効くのが名の由来。

✿侮る

ワレモコウ

【吾亦紅】花期：7〜10月
バラ科ワレモコウ属　日本（北海道〜九州）、ユーラシア温帯〜亜寒帯、北アメリカ／生活型：多年草／草丈30〜100㎝

草原等で見られる。葉は根出葉と茎葉があり、奇数羽状複葉で縁には鋸歯がある。茎葉は互生。花は穂状花序で枝分かれした茎先につく。花弁はなく濃い赤紫色のものは萼（がく）と雄しべ。根茎は薬用になる。

✿もの想い

カントウヨメナ

【関東嫁菜】 花期：7～10月
キク科シオン属 日本（本州の関東以北）／生活型：多年草／草丈40～100㎝

水田など湿った所で見られる。葉は根出葉と茎葉があり、単葉で縁には鋸歯がある。茎葉は互生。枝先に頭花が1～数個つく。頭花は、紫がかった白い舌状花が黄色い筒状花を囲む。日本固有種で、若菜は食べられる。

✿明るい

イヌタデ

【犬蓼】花期：7〜10月
タデ科イヌタデ属　日本全域、南千島、朝鮮、中国、東南アジア／生活型：一年草／草丈20〜60㎝

アカノマンマとも。葉は単葉で互生。花は偽総状花序。花弁はなく、紅色は萼（がく）の色。煎じ薬になる。粒状の果実が赤飯のようなのが「アカノマンマ」の名の由来。おままごとで「赤飯」として使った人も多いのでは。

✿健康

ツリガネニンジン

【釣鐘人参】 花期：7～11月
キキョウ科ツリガネニンジン属 日本全域、千島／生活型：多年草／草丈20～100cm

山野で見られる。葉は根出葉と茎葉があり単葉で縁には鋸歯がある。根出葉は円心形、茎葉は通常3～4枚が輪生。花は淡い紫色または白の鐘形で円錐花序。茎先の枝に1～数個つく。花冠の縁は5裂。根は去痰薬になる。

✿感謝

クズ

【葛】 花期：7～9月

マメ科クズ属 日本（北海道～九州の奄美群島）、朝鮮、中国、フィリピン／生活型：つる性多年草

道端で見られる。葉は3出複葉が互生。花は紅紫色の蝶形で偽総状花序。塊根からとった澱粉で葛粉ができる。漢方の葛根湯（かっこんとう）の原料となる。繁殖力が強い。

✿芯の強さ

コセンダングサ

【小梅檀草】　花期：9～翌1月
キク科センダングサ属　中南米／生活型：一年草／草丈50～110㎝

道端や空地等で見られる。葉は奇数羽状複葉（上部は単葉もあり）で縁には鋸歯がある。茎の下部は左右対称につく。上部は互生。筒状花のみからなる頭花が枝分かれした茎先につく。江戸時代に渡来し帰化。薬用になる。

✽高尚

ツリフネソウ

【釣舟草】　花期：8～10月
ツリフネソウ科ツリフネソウ属　日本（北海道～九州）、朝鮮、中国／生活型：一年草／草丈50～80㎝

山地の湿った所で見られる。葉は単葉で縁には鋸歯があり互生。花は総状花序で、紅紫色で内側に紫色の斑点がある花が7～8個つく。先がクルッと巻いた蜜をためる距（きょ花弁の一部が変化）がある。薬用になる。

✿詩的な愛

ユウガギク

【柚香菊】 花期：8～11月
キク科シオン属 日本（本州の近畿以北）／生活型：多年草／草丈40～100㎝

山野の湿った所で見られる。葉は根出葉と茎葉がある。長楕円状の分裂葉で縁には強い鋸歯があり互生。花は頭状花序で枝先につく。頭花は黄色い筒状花を白～淡い紫の舌状花が囲む。西日本にはよく似たオオユウガギクが自生。

✿高尚

キツネノマゴ

【狐孫】花期：8～10月
キツネノマゴ科キツネノマゴ属　日本（本州、四国、九州）、朝鮮、中国、インドシナ、インド／生活型：一年草／草丈10～40㎝

道端で見られる。葉は単葉・全縁で左右対称につく。花は穂状花序。ツンツンした線形の苞が密集した中に淡い紅紫色の小さな花がつく。若い茎や葉は食べられる。

✽女性美を保護する

ツルボ

【蔓穂】 花期：8～9月
キジカクシ科（クサスギカズラ科）
ツルボ属 日本（北海道西南部～南西諸島）、朝鮮、中国、台湾／生活型：多年草／草丈20～40㎝

サンダイガサ（参内傘）とも。草地などの日当たりのよい所で見られる。葉は線形で根生。花は薄紅紫色の6弁花で総状花序。別名は貴人が内裏に参内する時に使う傘になぞらえたもの。

✿淋しい

キツネノカミソリ

【狐剃刀】　花期：8～9月
ヒガンバナ科ヒガンバナ属　日本（本州、四国、九州）／生活型：多年草／草丈30～50cm

やや湿り気のある林縁で見られる。日本固有種。葉は線形で根生。春に出て夏の前に枯れる。夏に雨がよく降るといっせいに花茎を伸ばす。花は黄赤色の6弁花で散形花序。有毒。キツネのいそうな淋しい所に生育する、葉が剃刀似なのが名の由来。

✿悲しい思い出

ヒヨドリジョウゴ

【鵯上戸】　花期：8〜9月

ナス科ナス属　日本全域、朝鮮、中国、インドシナ／生活型：つる性多年草

ホロシとも。日当たりのよい林縁で見られる。葉は茎の上部では卵形、下部では分裂葉で互生。花は集散花序。花色は白で花冠は5裂して外に反る。ヒヨドリがこの果実をよく食べることが名の由来といわれる。

✿真実

クサネム

【草合歓】花期：8〜10月
マメ科クサネム属　日本全域、ほぼ全世界の熱帯〜暖帯／生活型：一年草／草丈50〜100cm

湿地や水田で見られる。葉は40〜60枚ほどの小葉で構成、頂小葉の不明確な偶数羽状複葉で互生。ネムノキ似の葉で夜は閉じる。花は黄白色の蝶形で偽総状花序、葉腋につく。水田の強害雑草で、この豆が米に交じると米価が下がってしまう。

✿豊富

コスモス

花期：6〜11月
キク科コスモス属　メキシコ／生活型：一年草／草丈40〜200㎝

アキザクラ（秋桜）、オオハルシャギク（大春車菊）とも。葉は糸状・分裂葉で左右対称につく。頭花は茎先に1つつく。通常、8枚の舌状花が筒状花を囲む。花色は桃色・赤紫・白等さまざま。秋の代名詞的な花。

✿乙女の心

シオン

【紫苑】花期：8～10月

キク科シオン属　日本（本州の近畿・中国、九州）、朝鮮、中国／生活型：多年草／草丈100～200㎝

オニノシコグサ（鬼の醜草）、オモイグサ（思い草）とも。湿った草原で見られる。根出葉は長楕円形で縁には鋸歯がある。茎葉は互生。花は茎上部に頭花が散房状につく。頭花は黄色い筒状花を薄紫の舌状花が囲む。絶滅危惧Ⅱ類。平安時代から栽培。

✿追憶

なでしこは野のもの勝れたり。草多くしげれるが中に此花の咲きたる、或は水乾きたる河原などに咲きたる、道ゆくものをして思はずふりかへりて優しの花やと独りごたしむ。

「花のいろいろ」（石竹）
幸田露伴　「露伴全集 第二十九巻」
１９５４年　岩波書店

ヒガンバナ

【彼岸花】 花期：9～10月
ヒガンバナ科ヒガンバナ属　日本全域、中国／生活型：多年草／草丈30～60㎝

マンジュシャゲ（曼珠沙華）とも。水田の畦道等に植えられる。葉は花が終わると根元から出る。線形・全縁で根生。花は朱赤色の漏斗形の6弁花で散形花序。茎先に数個つく。地下の鱗茎は有毒。かつては飢饉に毒抜きして救荒食にされた。

✿悲しい思い出

ホトトギス

【杜鵑草】　花期：8～10月
ユリ科ホトトギス属　日本（北海道南部、本州の関東、福井県以西、四国、九州）／生活型：多年草／草丈30～60cm

林内のやや湿った所で見られる。葉は単葉・全縁で互生。花は盃状の6弁花で葉腋に通常1～3個つく。花被片にある多数の紫の斑点がホトトギスの胸の斑のようなのが名の由来。市販のものは別種と交配した栽培品種が多い。

✿永遠にあなたのもの

ツワブキ

【槖吾、槖】　花期：10～12月

キク科ツワブキ属　日本（本州の福島県・石川県以南～南西諸島）、朝鮮、中国、台湾／生活型：多年草／草丈30～75㎝

海岸の岩上や崖等で見られる。長い柄のある円形の根生葉で単葉、縁は全縁または鋸歯縁。頭花は黄色で散房花序。若い葉柄は食べられる。皮膚薬になる。艶がありフキ似なので「艶蕗」から転じた名。

✿愛よ、よみがえれ

リンドウ

【竜胆】　花期：9～10月
リンドウ科リンドウ属　日本（本州～九州）／生活型：多年草／草丈20～100㎝

エヤミグサ（疫病草）とも。山野で見られる。葉は単葉で左右対称につく。茎の下部の葉は鱗片状の鞘になっている。花は茎先に1つつく。紫の鐘形で花冠の先が5裂し、内側に茶褐色の斑点がある。花は晴れの日だけ開く。根や根茎は薬用に。

✿悲しみにくれるあなた

オミナエシ

【女郎花】　花期：8～10月

スイカズラ科オミナエシ属　日本（北海道～九州）、南千島、朝鮮、中国／生活型：多年草／草丈60～100cm

アワバナ（粟花）とも。草原等で見られる。葉は分裂葉が左右対称につく。花は黄色で集散花序。秋の七草の一つ。『万葉集』や『源氏物語』に登場。若芽や若葉は食用、根は漢方薬に。

✿親切

フジバカマ

【藤袴】 花期：8～9月

キク科ヒヨドリバナ属 日本（本州～九州）、朝鮮、中国、ベトナム／生活型：多年草／草丈100～200㎝

河原の草地等で見られる。葉は茎の下部は分裂葉、上部は単葉で縁には鋸歯があり左右対称につく。淡紫色の頭花を散房状につける。入浴剤にも。秋の七草の一つ。準絶滅危惧種。市販はより小型のコバノフジバカマ。

✿躊躇

センブリ

【千振】　花期：8～11月

リンドウ科センブリ属　日本（北海道西南部～九州）、朝鮮／生活型：一年草、越年草／草丈5～20cm

山野の日当たりのよい所で見られる。葉は根出葉と茎葉があり、茎葉は線形で左右対称につく。花は円錐花序、白い花冠は5裂し紫色の線がある。強い苦みがあり、千回煎じて振り出しても苦いというのが名の意味。健胃薬になる。

✿弱き者を助ける

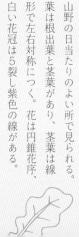

エノコログサ

【狗尾草、狗子草】 花期：8～11月

イネ科アワ属　世界の温帯／生活型：一年草／草丈20～70cm

ネコジャラシとも。草地や道端などで見られる。葉は披針形で互生。小穂を密につけた円柱形の花穂を出す。小穂の全体がフサフサして見え、花穂が犬のシッポに似ているのが名の由来。

✿愛嬌

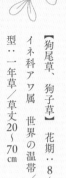

マーガレット

花期：11〜翌7月
キク科モクシュンギク属　カナリア諸島／生活型：多年草／草丈30〜100cm

多数の栽培品種があり、花壇や公園等に植えられる。園芸では一年草として扱う場合もある。葉は分裂葉が互生。頭花は舌状花が筒状花を囲み、茎先に1つつく。・花色は赤、黄、桃色、白等がある。

✿誠実な心

ヒオウギ

【檜扇】　花期：8〜9月

アヤメ科アヤメ属　日本（本州〜南西諸島）、朝鮮、中国、東南アジア、インド／生活型：多年草／草丈60〜100㎝

ヌバタマ、ウバタマとも。葉は単葉・全縁で互生。花は橙色の6弁花で総状花序。根・茎は薬用になる。葉が檜扇を広げたようにつくのが名の由来。

✿個性美

五感で楽しむ 二十四節気七十二候の暮らし

立秋《りっしゅう》

新暦8月8日頃

秋が始まる日

涼風至

（すずかぜいたる）

新暦8月8～12日頃

涼しい風が吹き始める頃。立秋を過ぎたら、まだまだ暑くても「残暑」となります。暑さ、乾燥に強い夾竹桃（きょうちくとう）の、紅色等の花が咲き誇ります。

寒蝉鳴

（ひぐらしなく）

新暦8月13～17日頃

蜩（ひぐらし）が鳴く頃。「寒蝉（かんぜみ）」は蜩のこと（ツクツクボウシという説もあり）で、夕暮れにカナカナと寂しげに鳴きます。盆踊り、灯籠流し等、お盆の行事が行われます。

蒙霧升降

（ふかききりまとう）

新暦8月18～22日頃

深い霧が立ち込める頃。「蒙霧（もうむ）」には、もうもうと立ち込める霧という意味と、気がふさぐことという意味があります。夏が終わり秋になると感傷的になることも表した言葉ともいえます。

処《しょ》暑《しょ》

新暦8月23日頃

夏の暑さがおさまり始める

綿柎開

（わたのはなしべひらく）

新暦8月23～27日頃

綿の実が弾け開いて、中の白い綿が見える頃。綿は夏に花が咲き、秋に実が熟すると裂けて白い綿毛を付けた種を吹き出します。この綿毛を摘んで繊維に加工します。ブドウの旬もそろそろ始まります。

天地始粛

（てんちはじめてさむし）

新暦8月28日～9月1日頃

暑さがようやくおさまり、空気が澄んでくる頃。秋の七草のハギ、オバナ（ススキ）、クズ、ナデシコ、オミナエシ（アワバナ）、フジバカマ、キキョウが徐々に咲き始めます。

禾乃登

（こくものすなわちみのる）

新暦9月2～7日頃

稲が実る頃。「禾」は稲が実った穂を表した象形文字です。この頃になると見かけるトンボは「秋津」と呼ばれる秋を象徴する昆虫。スズムシ、マツムシの声も涼しげに聞こえる時期です。

白露《はくろ》

新暦9月8日頃

空気が冷えて露が白く光るようになる

草露白（くさのつゆしろし）

新暦9月8〜12日頃

草に降りた露が白く光って見える頃。9月9日は重陽（ちょうよう）の節句。奇数は「陽」の数字とされ、最大数字の「9」が重なる日なので菊の節句として、長寿を祈願する日となりました。

鶺鴒鳴

（せきれいなく）

新暦9月13〜17日頃

鶺鴒が鳴き始める頃。鶺鴒は伊邪那岐（いざなぎ）と伊邪那美（いざなみ）に夫婦の交わりを教えたという言い伝えから「恋教え鳥」という異名があります。サンマが旬の時期。

玄鳥去

（つばめさる）

新暦9月18〜22日頃

燕が南へ渡っていく頃。秋分に最も近い戌の日は秋社（しゅうしゃ）。収穫のお礼参りを行います。秋分を挟む7日間は秋の彼岸。おはぎ（春分での呼び名は牡丹餅）をいただく習わしです。

秋分《しゅうぶん》

新暦9月23日頃

秋の彼岸の中日。昼と夜の長さが同じ日

雷乃収声

（かみなりすなわちこえをおさむ）

新暦9月23〜27日頃

雷が鳴らなくなる頃。雷は夏の季語ですが、雷に伴う電光の稲妻は秋の季語。稲妻は豊作をもたらすものとされてきました。この頃から松茸が旬になります。土瓶蒸しもよいですが、香りを楽しむには焼き松茸がおすすめです。

蟄虫坏戸

（むしかくれてとをふさぐ）

新暦9月28日〜10月2日頃

虫たちが土にもぐり、穴の入口をふさぐ頃。冬ごもりの支度をする時期です。旧暦の8月15日（新暦の9月下旬〜10月上旬）は中秋の名月。さといも、団子、ススキ等をお供えしてお月見をします。

水始涸

（みずはじめてかるる）

新暦10月3〜7日頃

田の水を抜き、稲刈りの準備をする頃。「川の水が少なくなり井戸の水が涸（か）れる頃」とする説もあります。この頃になるとイチョウの実が熟してきます。

寒《かん》露《ろ》

新暦10月8日頃

寒さで露が冷たくなる

鴻雁来

（こうがんきたる）

新暦10月8〜12日頃

雁が北から渡ってくる頃。初秋に吹く北風は「雁渡（かりわた）し」と呼ばれます。清明の時期に北へ帰っていった雁たちが、再びやってきます。産卵期を迎えるシシャモは旬の魚です。

菊花開

（きくのはなひらく）

新暦10月13〜17日頃

菊の花が咲き始める頃。旧暦ではこの頃が重陽の節句になります。秋の日が急速に暮れる様は井戸を落ちる鶴瓶（つるべ　桶のこと）になぞらえて「鶴瓶落とし」といわれます。

蟋蟀在戸

（きりぎりすとにあり）

新暦10月18〜22日頃

戸口で秋の虫のキリギリスが鳴く頃。「蟋蟀」はキリギリスではなくコオロギのことだという説もあります。秋サバ（マサバ）が脂がのって美味しい時期です。

霜《そう》降《こう》

新暦10月23日頃

冷え込んで霜が降りる

霜始降

（しもはじめてふる）

新暦10月23～27日頃

山里に霜が降り始める頃。霜は作物を枯らす農家の大敵です。旧暦の9月13日（新暦の10月25日頃）の月見の習わしは栗や豆を供えるため、「栗名月」「豆名月」とも呼ばれます。

霎時施

（こさめときどきふる）

新暦10月28日～11月1日頃

小雨が降る頃。「霎」を「時雨（しぐれ）」と読む説もあります。時雨は晩秋から冬の始めにかけて降ったりやんだりする雨。秋の山が紅葉する姿は「山粧（よそお）う」と表現されます。

楓蔦黄

（もみじつたきばむ）

新暦11月2～6日頃

紅葉の季節です。11月の酉の日に鷲（おおとり）神社では酉の市が行われます。一の酉、二の酉、三の酉と続き、商売繁盛の熊手が売られます。さつまいも、やまいもが美味しい時期。

5　冬の花

フクジュソウ

【福寿草】 花期：2～5月
キンポウゲ科フクジュソウ属 日本（北海道～九州）、中国、朝鮮／生活型：多年草／草丈15～30㎝

ガンジツソウ（元日草）、ツイタチソウ（朔日草）とも。落葉樹林で見られる。深く切れ込みの分裂葉が互生。花は茎先に1つつく。黄色い20～30枚の花弁で椀形の花になる。江戸時代から縁起物として栽培。有毒。

✿幸福

スイセン

【水仙】　花期：11～翌4月
ヒガンバナ科スイセン属　ヨーロッパ、地中海沿岸／生活型：多年草／草丈20～30㎝

栽培品種が多く、鉢植え、花壇に用いられる。しばしば海沿いでは野生化して群生。地下に鱗茎をもち葉は線形で根生。花は散形花序。中央に盃状の黄色い副花冠があり、後ろに6枚の白い花被片がつく。香りが豊か。有毒。

✿うぬぼれ

パンジー

花期：11～翌5月
スミレ科スミレ属　分布なし／生活型：多年草／草丈10～30㎝

サンシキスミレ（三色菫）とも。多くの栽培品種があり、花壇や公園等で植えられる。高温多湿に弱いので秋蒔き一年草扱い。一年草苗の定番。葉は根出葉と茎葉があり、茎葉は単葉で縁には鋸歯があり互生。花は左右対称の5弁花で葉腋に1つずつつく。花色は多彩。

✿もの想い

クロッカス

花期：2〜4月（秋咲き：10〜11月）

アヤメ科サフラン属　地中海地域〜中国西部／生活型：多年草／草丈10cm

鉢植え、花壇、公園等に用いられる。球茎（球根）植物。葉は線形・全縁で根生。花は葉の中心から1〜数個出る。漏斗状の6弁花で花色は白、黄色、紫等。観賞用の栽培品種が多い。

✿（黄色）青春の喜び

スハマソウ

【州浜草】　花期：3〜4月
キンポウゲ科スハマソウ属　日本（本州の東北南部以南）／生活型：多年草／草丈5〜15cm

落葉樹林で見られる。葉は根出葉と茎葉があり、根出葉は分裂葉・全縁、茎葉は単葉・輪生。花は茎先に1つつく。花弁のような6〜10枚の白、桃色、紫等の萼（がく）がある。葉の形が島台の州浜に似ているのが名の由来。正月飾りに使われる。

✿はにかみ屋

ナズナ

【薺】　花期：2～6月
アブラナ科ナズナ属　北半球／生活型：越年草／草丈10～50㎝

ペンペングサとも。道端等で見られる。葉は根出葉と茎葉があり、根出葉は分裂葉、茎葉は単葉が互生。花は白い4弁花で総状花序。史前帰化植物。春の七草の一つで民間療法に使用。ハート形の果実が三味線のバチに似ているのが名の由来。

✿すべてを君に捧げる

スイートアリッサム

花期：2～6月、9～12月
アブラナ科ニワナズナ属　地中海沿岸／生活型：多年草／草丈5～30㎝

ニワナズナ（庭薺）とも。鉢植え、花壇等に用いられる。高温多湿に弱いため、日本では一年草として扱う。葉は単葉・全縁で互生。花は総状花序または散房花序。赤、紫、桃色、白等の4弁花が丸く集まってつく。香りがよい。

✿優美

フキ

【蕗】　花期：2〜5月
キク科フキ属　日本（岩手県以南〜南西諸島）、朝鮮、中国／生活型：多年草／草丈70㎝

山地や丘陵地等の湿った所で見られる。葉は花の散った後に地下茎の先に根生。円形で縁には鋸歯がある。雌雄異株で、雄株の花茎のほうが雌株より短く頭花は円錐花序。花茎は蕗の薹（とう）で味噌和え等に。古来縁起物として珍重される。

✿私を正しく認めてください

フリージア

花期：2～5月
アヤメ科フリージア属　南アフリカ
／生活型：多年草／草丈20～50㎝

アサギスイセン（浅黄水仙）とも。球根性で鉢植えや花壇等に用いられる。葉は線形・全縁で扇状に2列に互生。花は総状花序で、花茎の上部が屈曲して漏斗状の6個の花被片の花が数個、1列に並んで咲く。花色は白、桃色、紫、黄色等多彩。

✿（黄色）無邪気

ヒアシンス

【風信子】　花期：2～4月
キジカクシ科（クサスギカズラ科）
ヒアシンス属　地中海沿岸地域
／生活型：多年草／草丈20㎝

日本では江戸時代から観賞用に栽培され、鉢植えや花壇等に用いられる。地下に鱗茎をもち、葉は肉質で線形・全縁で根生。花は漏斗状で総状花序。花冠が6裂し縁は反り返る。強い香りがあり、花色は多彩。

✿（紫）悲哀

ヒメキンセンカ

【姫金盞花】　花期：10～翌5月
キク科キンセンカ属　ヨーロッパ／
生活型：一年草、二年草／草丈10～50㎝

日当たりを好み、花壇や公園に植えられる。茎や葉に粘り気のある軟らかい腺毛がある。葉は単葉で全縁または縁に少し鋸歯があり、互生。頭花は茎先につき、黄色い筒状花を橙黄色の舌状花が囲む。

✿別れの悲しみ

オオイヌノフグリ

【大犬陰嚢】　花期：1〜6月
オオバコ科クワガタソウ属　ヨーロッパ／生活型：越年草／草丈10〜20cm

道端、空地等で見られる。葉は単葉で縁には鋸歯があり、茎の下部で左右対称、上部で互い違いにつく。秋に発芽し越冬、春に花が咲き夏前に枯れる。濃青色の筋のある青い4裂の花冠が茎先に1つつく。一面が青く染まるように咲く。

✿清らか

秋の七草

秋の七草は、秋に咲く代表的な草花で
その美しさを観賞します。

おばな
ふじばかま
おみなえし
ききょう
なでしこ
くず
はぎ

春の七草

春の七草は、無病息災を願って
正月７日に七草粥にしていただきます。

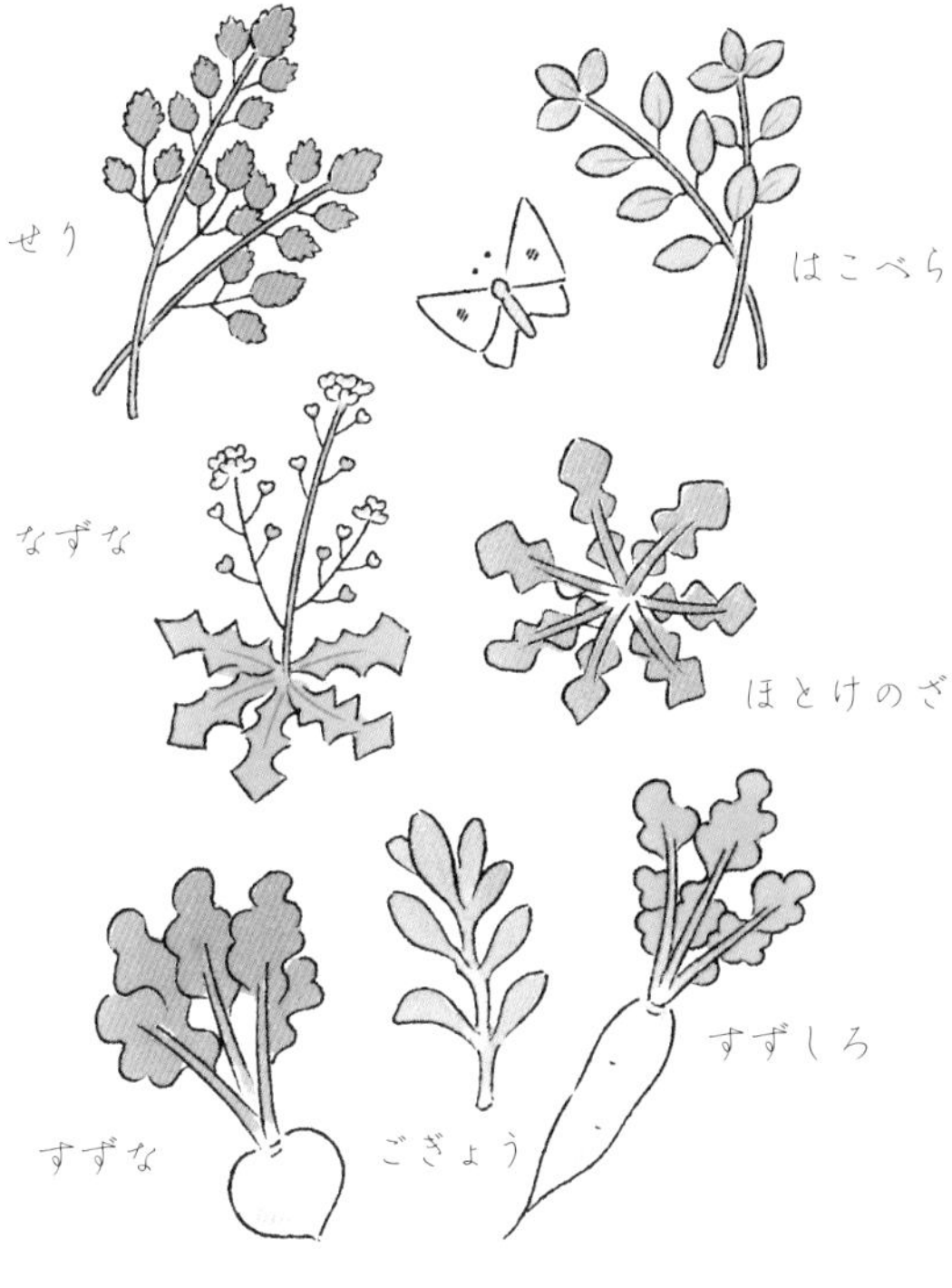
せり
はこべら
なずな
ほとけのざ
すずしろ
すずな
ごぎょう

五感で楽しむ
二十四節気七十二候の暮らし

立冬《りっとう》

新暦11月7日頃
冬が始まる日

山茶始開
（つばきはじめてひらく）

新暦11月7〜11日頃

山茶花（さざんか）の花が咲き始める頃。昔から山茶花と椿は混同されていました。晩秋から初冬にかけて強く吹く、冷たい風は「木枯（こがらし）」と呼びます。

地始凍
（ちはじめてこおる）
新暦11月12〜16日頃

大地が凍り始める頃。寒くなると土の道で見られる霜柱は、土中の水分が地表に出てきて凍って細い柱状になったものの集まりです。11月15日には子供の成長を願う七五三の行事があります。

金盞香
（きんせんかさく）
新暦11月17〜21日頃

水仙が咲き、香る頃。水仙の異名「金盞銀台」は、花の中央を「金盞（金の盃）」白い花弁を「銀台」に見立てたもの。旧暦10月10日（11月20日頃）は十日夜（とおかんや）、亥の子餅をいただきます。

小雪《しょうせつ》

新暦11月22日頃
寒くなり雪が降り始める

虹蔵不見
（にじかくれてみえず）
新暦11月22～26日頃

雨が少なくなり、虹を見かけなくなる頃。11月23日の勤労感謝の日は、元々は秋の収穫に感謝する新嘗祭（にいなめさい）でした。初冬の暖かで穏やかな晴れの日は小春日和と呼びます。

朔風払葉

（きたかぜこのはをはらう）

新暦11月27日～12月1日頃

北風が木の葉を吹き払う頃。「朔風」は北風のことです。晴天の日に、降雪地から風に乗ってきた雪がちらつくことを「風花（かざはな）」と呼びます。リンゴが旬でみずみずしい時。

橘始黄

（たちばなはじめてきばむ）

新暦12月2～6日頃

橘の実が黄色く色づき始める頃。橘は食用のミカンの昔の総称です。この頃からタラが収穫されます。煮つけ、蒸し物等にしていただきます。ボラやフグも旬の魚です。

大雪《たいせつ》

新暦12月7日頃

本格的に雪が降りだす

閉塞成冬

(そらさむくふゆとなる)

新暦12月7〜11日頃

空が閉ざされ真冬になる頃。昔の人は、雪景色を楽しみ、宴を催しました。温泉宿等で見かける障子の下半分がガラスの雪見障子は、障子を閉めても部屋から外の景色を眺めるための工夫を凝らしたもの。

熊蟄穴

（くまあなにこもる）

新暦12月12〜16日頃

熊が穴に入って冬眠する頃。12月13日は煤払いの行事が行われます。大掃除をしてお正月を迎える準備をします。この時期はブリと大根が旬。ブリ大根やふろふき大根等にすると美味。

鱖魚群

（さけのうおむらがる）

新暦12月17〜21日頃

鮭が群れをなして川を上る頃。「鱖魚（けつぎょ）」は鮭ではないとの説もありますが、川で生まれた鮭は海に下り、数年後に産卵のために生まれた川に戻ります。東京・浅草寺では12月17〜19日に羽子板市が行われます。

冬至《とうじ》

新暦12月22日頃

一年で最も昼が短い日。柚子湯に入る

乃東生

（なつかれくさしょうず）

新暦12月22〜26日頃

靭草（うつぼぐさ）が芽を出す頃。夏至の「乃東枯（なつかれくさかるる）」に対応しています。クリスマスフラワーのまっ赤なポインセチアやシクラメンが街で見られる頃。

麋角解

（さわしかのつのおつる）

新暦12月27〜31日頃

大鹿の角が落ちる頃。「麋」は大鹿のこと。大掃除をして一年の汚れを払って新年を迎える準備をします。除夜の鐘は大晦日から新年にかけて一〇八の煩悩を除くためにその数だけつかれます。

雪下出麦

（ゆきわたりてむぎのびる）

新暦1月1〜4日頃

雪の下で麦が伸びる頃。麦は秋に種を播いて越冬するので「年越草（としこえぐさ）」とも。お正月のおせちは「御節供（おせちく）」の略で、季節ごとの節日を祝う料理が残ったもの。

小《しょう》寒《かん》

新暦1月5日頃

本格的な寒さの手前。この日から寒の入り

芹乃栄

（せりすなわちさかう）

新暦1月5〜9日頃

芹が盛んに生える頃。7日にいただく七草粥の春の七草は、セリ、ナズナ、ゴギョウ（ハハコグサ）、ハコベラ（ハコベ）、ホトケノザ（コオニタビラコ）、スズナ（カブラ）、スズシロ（ダイコン）。

水泉動

（しみずあたたかをふくむ）

新暦1月10～14日頃

凍っていた泉が動き始める頃。11日は鏡開き。お供えの鏡餅を下げておお雑煮等でいただきます。寒に入って9日目に汲んだ「寒九の水」は薬になり、「寒九の雨」は豊年の兆しといわれています。

雉始雊

（きじはじめてなく）

新暦1月15～19日頃

雉が初めて鳴く頃。オスの雉がケーンケーンと甲高い声で鳴いて求愛し始めるのは3月頃。旧暦の15日までは小正月とされ、15日頃に門松や注連縄（しめなわ）を焚くどんどが行われます。

大《だい》寒《かん》

新暦1月20日頃
最も寒さが厳しい日

款冬華
（ふきのはなさく）
新暦1月20〜24日頃

蕗（ふき）の薹（とう）が雪の下から顔を出す頃。「款冬（かんとう）」は蕗の薹の異名。若い花茎の部分が蕗の薹で、花は蕗の薹が伸びてから咲きます。ネギやコマツナ、シュンギク等、野菜が旬で美味しい時期。

水沢腹堅

（さわみずこおりつめる）

新暦1月25～29日頃

沢に厚い氷が張りつめる頃。「腹」は「厚い」という意味です。氷上のワカサギの穴釣りは冬の風物詩。この時期に黄色い花を咲かせる蝋梅（ろうばい）は香り豊か。

鶏始乳

（にわとりはじめてとやにつく）

新暦1月30日～2月3日頃

鶏が卵を産み始める頃。節分は季節の分かれ目を意味し、悪い鬼を祓うためにイワシの頭と柊の枝を戸口に置きます。数えの自分の年の数の豆を食べると健康に過ごせるといわれています。

参考文献

・佐々木知幸：生きもの好きの自然ガイド「このは」No．12 道ばたの草花がわかる！　散歩で出会うみちくさ入門　文一総合出版、2016年
・鈴木純 文・写真：そんなふうに生きていたのね まちの植物のせかい　雷鳥社、2019年
・大場秀章：ガーデニング植物誌　八坂書房、2012年
・森乃おと：草の辞典　野の花 道の草　雷鳥社、2017年
・『美しい「歳時記」の植物図鑑』編集委員会編：美しい「歳時記」の植物図鑑―身近な園芸植物で俳句がひろがる！　山川出版社、2019年
・日本の野生植物シリーズ、平凡社、1999年
・塚本洋太郎：園芸植物大事典〔コンパクト版〕、小学館、1994年
・山下景子：二十四節気と七十二候の季節手帖　成美堂出版、2014年
・洋泉社MOOK 七十二候と日本のしきたり　2014年

・白井明大 文、有賀一広 絵：日本の七十二候を楽しむ―旧暦のある暮らし―　第5版　東邦出版、2012年
・徳島康之監修、主婦の友社編：誕生花と幸福の花言葉366日　主婦の友社、2005年
・フルール・フルール編：花言葉・花事典　池田書店、2009年
・春山行夫：花ことば――花の象徴とフォークロア1・2　平凡社、1986年
・国吉純監修：想いを贈る 花言葉　ナツメ社、2011年
・引田茂：カラーブックス196 花ことば　保育社、1970年
・西島楽峰：世界花言葉全集　春陽堂、1930年
・高木誠 監修、夏梅陸夫 写真：誕生花366の花言葉―日々を彩る幸せのダイアリー　大泉書店、1999年
・式部素子：花言葉集　虹有社、1950年
・EVERGREEN 植物図鑑・Q&A　https://love-evergreen.com
・みんなの趣味の園芸 園芸、ガーデニングの情報サイト
https://www.shuminoengei.jp
・誕プレ　https://tanpure.com/

草花索引

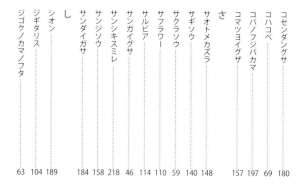

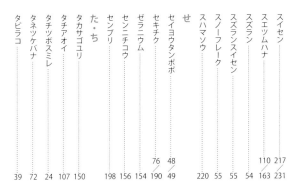

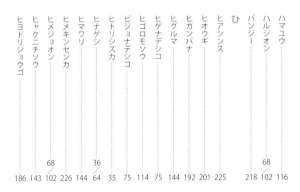

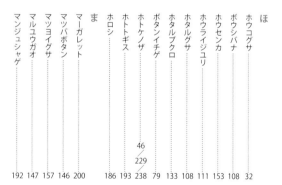

編　集 ——————————————————————— *

草花さんぽの会
身近な場所に咲いている草花を観賞し、四季を感じて豊かな暮らしを愉しむ有志の会。

草花データ・解説監修・校閲 ————————————— *

佐々木知幸（ささき ともゆき）
1980年埼玉県生まれ。造園家・樹木医・ネイチャーガイド。祖母の影響で幼い頃から草花に親しみ、長じて千葉大学園芸学部にて植物生態学を学ぶ。専門性を活かした庭園づくりや管理に携わるほか、足元の植物を愛でる部活動「みちくさ部」を主宰（現：みちくさ部長）。鎌倉を拠点にさまざまな自然観察会を開いている。

写真提供：PIXTA、佐々木知幸（カントウタンポポ、カントウヨメナ、ユウガギク、フジバカマ、トキワイカリソウ、イカリソウ）
カバーイラスト：日江井香
本文イラスト：日江井香、PIXTA、Ann.and.Pen/shutterstock（章扉）、Mnsty studio/shutterstock（章扉）
編集協力：EVERGREEN

絵　日江井香
デザイン　キムラナオミ（2P Collaboration）
DTP　荒木香樹
編集　近藤碧（リベラル社）
編集人　伊藤光恵（リベラル社）
営業　榊原和雄（リベラル社）

編集部　山田吉之・安田卓馬・鈴木ひろみ・尾本卓弥
営業部　津村卓・澤順二・津田滋春・廣田修・青木ちはる・
竹本健志・春日井ゆき恵・持丸孝
制作・営業コーディネーター　仲野進

小さな草花の本

2021年10月26日　初版発行
2024年4月17日　再版発行

編　集　草花さんぽの会
発行者　隅田　直樹
発行所　株式会社 リベラル社
〒460-0008 名古屋市中区栄3-7-9　新鏡栄ビル8F
TEL 052-261-9101　FAX 052-261-9134
http://liberalsya.com
発　売　株式会社 星雲社（共同出版社・流通責任出版社）
〒112-0005 東京都文京区水道1-3-30
TEL 03-3868-3275
印刷・製本所　株式会社 シナノパブリッシングプレス

ISBN978-4-434-29423-5 C0045